Ramzi Ben Messaoud

Conception d'observateur non linéaire à entrées inconnues

Ramzi Ben Messaoud

Conception d'observateur non linéaire à entrées inconnues

Conception d'observateur non linéaire de Luenberger à entrées inconnues

Presses Académiques Francophones

Impressum / Mentions légales
Bibliografische Information der Deutschen Nationalbibliothek: Die Deutsche Nationalbibliothek verzeichnet diese Publikation in der Deutschen Nationalbibliografie; detaillierte bibliografische Daten sind im Internet über http://dnb.d-nb.de abrufbar.
Alle in diesem Buch genannten Marken und Produktnamen unterliegen warenzeichen-, marken- oder patentrechtlichem Schutz bzw. sind Warenzeichen oder eingetragene Warenzeichen der jeweiligen Inhaber. Die Wiedergabe von Marken, Produktnamen, Gebrauchsnamen, Handelsnamen, Warenbezeichnungen u.s.w. in diesem Werk berechtigt auch ohne besondere Kennzeichnung nicht zu der Annahme, dass solche Namen im Sinne der Warenzeichen- und Markenschutzgesetzgebung als frei zu betrachten wären und daher von jedermann benutzt werden dürften.

Information bibliographique publiée par la Deutsche Nationalbibliothek: La Deutsche Nationalbibliothek inscrit cette publication à la Deutsche Nationalbibliografie; des données bibliographiques détaillées sont disponibles sur internet à l'adresse http://dnb.d-nb.de.
Toutes marques et noms de produits mentionnés dans ce livre demeurent sous la protection des marques, des marques déposées et des brevets, et sont des marques ou des marques déposées de leurs détenteurs respectifs. L'utilisation des marques, noms de produits, noms communs, noms commerciaux, descriptions de produits, etc, même sans qu'ils soient mentionnés de façon particulière dans ce livre ne signifie en aucune façon que ces noms peuvent être utilisés sans restriction à l'égard de la législation pour la protection des marques et des marques déposées et pourraient donc être utilisés par quiconque.

Coverbild / Photo de couverture: www.ingimage.com

Verlag / Editeur:
Presses Académiques Francophones
ist ein Imprint der / est une marque déposée de
AV Akademikerverlag GmbH & Co. KG
Heinrich-Böcking-Str. 6-8, 66121 Saarbrücken, Deutschland / Allemagne
Email: info@presses-academiques.com

Herstellung: siehe letzte Seite /
Impression: voir la dernière page
ISBN: 978-3-8381-7989-6

Table des matières

Introduction Générale

Les mathématiques et les disciplines de l'ingénieur ont été de plus en plus dirigées vers les problèmes de la prise de décision des systèmes industriels. Cette tendance a été inspirée principalement par l'avantage économique qui résulte souvent d'une décision appropriée concernant la répartition des ressources coûteuses.

Il est souvent le cas lorsqu'il s'agit de systèmes complexes nécessitant un fonctionnement sûr, qu'une certaine forme de fonction de surveillance est nécessaire pour indiquer les états indésirables de processus. Les signaux défectueux peuvent exister dans les actionneurs, les capteurs et les composants du processus que peuvent détériorer le fonctionnement normal ou même conduire à l'instabilité du procédé. Prendre des mesures immédiates appropriées afin de préserver un fonctionnement sûr tout en évitant éventuellement des dommages catastrophiques est crucial. En plus, des préoccupations de sécurité, la détection du défaut est critique du point de vue économique.

D'un point de vue environnemental, l'incorporation des algorithmes de détection des défauts et de supervision du processus industriel peuvent empêcher toute évolution catastrophique. Ainsi, la détection et l'isolation du défaut "FDI : Fault detection and isolation" est d'une importance technique, économique et environnemental. Le comportement non linéaire présenté par la plupart des procédés industriels, la présence des contraintes de fonctionnement, d'incertitude de modélisation et la possibilité des défauts dans les composants d'un système ont motivé les travaux de recherche dans le domaine de l'estimation de l'état pour les systèmes linéaires et non linéaires.

Pratiquement, dans de nombreux systèmes réels, les variables d'état ne sont pas toutes mesurées. Afin de pouvoir effectuer une commande par retour d'état à un système, l'ensemble des variables d'espace d'état devrait être disponible à tout moment. En outre, dans certaines applications de la commande et de la surveillance ; il est intéressant à avoir des informations sur les variables d'état à tout instant. Ainsi, on est confronté avec le problème de l'estimation des variables d'état. Ce problème peut être résolu, en introduisant un autre système dynamique nommé observateur d'état ou un estimateur d'état dont la tâche sera de fournir une estimation du vecteur d'état du système étudié en fonction des informations disponibles du système (les mesures de la commande et de sortie du procédé). Le premier observateur, dédié à l'estimation de l'état des systèmes linéaires dans un cadre déterministe, a été développé par Luenberger. Cet observateur est largement utilisé de nos jours. Mais, les systèmes linéaires ne couvrent qu'un faible pourcentage des procédés industriels, des solutions spécifiquement non linéaires ont été rapidement envisagées.

Le **Premier chapitre** est consacré essentiellement à une présentation de quelques rappels indispensables et nécessaires à la compréhension de ce mémoire. Nous fournissons au début de ce chapitre un rappel sur la stabilité de Lyapunov des systèmes linéaires et non linéaires. Ensuite, nous nous intéressons à l'estimation du vecteur d'état et d'une fonction d'état dans le cadre non linéaire et aux différentes extensions de l'observateur de Luenberger.

Dans **le Deuxième chapitre**, nous allons s'intéresser à l'extension de l'observateur à entrées inconnues de Luenberger pour les systèmes non linéaires. Dans la littérature, la conception de ce type d'observateur exige une transformation de l'état du système non linéaire original ; afin de trouver une forme canonique présentant une partie linéaire du vecteur d'état dans la dynamique du système [8]-[12] et [16]. Cette technique est limitée pour une classe particulière des systèmes non linéaires. En plus, le calcul de la forme canonique n'est pas toujours évident. Pour contourner ce problème, nous allons proposer une nouvelle conception des observateurs non linéaires à entrées inconnues. Cet observateur attaque une large classe des systèmes dynamiques non linéaires complexes. La conception de cet observateur est réalisée en utilisant un simple développement mathématique sans avoir besoin de la transformation canonique. Des nouvelles conditions d'existences sont également présentées.

Nous consacrons **le troisième chapitre** à l'étude du problème de la détection de défauts. Nous citons quelques travaux utilisant l'observateur de Luenberger étendu. Dans le cadre non linéaire, certains auteurs exigent une transformation canonique du système non linéaire [23]-[25] et [30]. D'autres travaillent sur les systèmes non linéaires originaux, sans tenir compte des perturbations [37] et [29]. Ensuite, nous allons proposer un résidu conçu à l'aide d'observateur non linéaire à entrées inconnues. Il est sensible au défaut et robuste à la perturbation.

Le quatrième chapitre propose une technique pour la surveillance de l'évolution des systèmes dynamiques en présence de la perturbation. Nous associons alors des contraintes inégalités au système. Ces dernières fixent un seuil à ne pas dépasser afin d'assurer le bon fonctionnement du procédé. Ce type de problème a reçu peu d'attention par le comité automaticien [31] et [32]. Dans ce chapitre, nous allons proposer un observateur linéaire à contraintes à entrées inconnues (d'ordre plein et réduit) pour estimer le résidu "indicateur du défaut" des contraintes inégalités. Ensuite, nous proposons une extension du résidu contraintes inégalités pour les observateurs non linéaires d'ordre plein.

4

Chapitre 1

Etat de l'art

1.1 Introduction

Ce chapitre présente un rappel sur la stabilité de Lyapunov des systèmes linéaires et non linéaires. Ensuite, nous nous intéressons à l'estimation du vecteur d'état et d'une fonction d'état dans le cadre non linéaire et aux différentes extensions de l'observateur de Luenberger.

1.2 Stabilité au sens de Lyapunov

L'étude de la stabilité joue un rôle très important pour le développement des observateurs. Pour cette raison, on va présenter quelques généralités sur la stabilité des systèmes dynamiques autonomes "point d'équilibre", stabilité au sens de Lyapunov, observabilité des systèmes non linéaires en se basant sur les références suivantes [1], [2], [3] et [4].

On considère le système autonome défini par :

$$\dot{x} = f(x) \tag{1.1}$$

Avec $f : D \longrightarrow \mathbf{R}^n$ est localement Lipschitzienne. On suppose que $x_e \in \mathbf{D}$ est un point d'équilibre de (1.1), avec $\mathbf{D} \subset \mathbf{R}^n$ dans $\mathbf{R}^n$

Notre objectif est d'étudier la stabilité de x_e.

* *La fonction f est dite localement lipschitzienne si, et seulement si, pour tout $x \in D$, il existe un réel k strictement positif tel que :*

$$\forall (x_1, x_2) \in \mathbf{D} \Longrightarrow \|f(x_2) - f(x_1)\| \le k\|x_2 - x_1\|$$

1.2.1 Point d'équilibre

Une notion qui est primordiale dans l'étude de la stabilité est la notion du point d'équilibre.

Définition (1.1)
L'état x_e est appelée état d'équilibre ou point d'équilibre pour le système (1.1) si lorsque $x(t_0) = x_e$ alors $x(t) = x_e \ \forall t \ge t_0$, Mathématiquement : x_e vérifie l'équation $f(x_e) = 0$.

Définition (1.2)

le point d'équilibre x_e est dit stable si pour chaque $\varepsilon > 0, \exists \delta = \delta(\varepsilon) > 0$:

$$\|x(0) - x_e\| < \delta \Longrightarrow \|x(t) - x_e\| < \varepsilon \quad \forall \ t \geq t_0 \tag{1.2}$$

Sinon le point d'équilibre est dit instable.

Remarque *Ces définitions s'appliquent sur le point d'équilibre et pas sur tout le système dynamique puisqu'il comporte plusieurs points d'équilibre.*

1.2.2 Fonction définie positive (négative)

- Une fonction $f(x)$ est dite définie positive (négative) si $f(x) \geq 0$ $(-f(x) \geq 0)$ et $f(x)$ égal à zéro si seulement si $x = 0$.
- La fonction $f(x)$ est dite semi-définie positive (négative) si $f(x) \geq 0$ $(-f(x) \geq 0)$.

1.2.3 Théorème de la stabilité de Lyapunov

Si $x = 0$ est un point d'équilibre de (1.1), et soit $V : \mathbf{D} \longrightarrow \mathbf{R}$ une fonction continument différentiable telle que :

$$\begin{aligned} V(0) &= 0 \\ V(0) &> 0 \ dans \ \mathbf{D} - \{0\} \\ \dot{V}(0) &\leq 0 \ dans \ \mathbf{D} - \{0\} \end{aligned} \tag{1.3}$$

Donc $x = 0$ est stable.

1.2.4 Théorème de la stabilité asymptotique de Lyapunov

Si $x = 0$ est un point d'équilibre de (1.1), et soit $V : \mathbf{D} \longrightarrow \mathbf{R}$ une fonction continument différentiable telle que :

$$\begin{aligned} V(0) &= 0 \\ V(0) &> 0 \ dans \ \mathbf{D} - \{0\} \\ \dot{V}(0) &< 0 \ dans \ \mathbf{D} - \{0\} \end{aligned} \tag{1.4}$$

Donc $x = 0$ est asymptotiquement stable.

1.2.5 Théorème de la stabilité globalement asymptotique

Si $x = 0$ est un point d'équilibre de (1.1), et soit $V : \mathbf{D} \longrightarrow \mathbf{R}$ une fonction continument différentiable telle que :

$$\begin{aligned} V(x) &\ est \ non\text{-}bornée \ radialement. \\ V(0) &= 0 \\ V(0) &> 0 \ dans \ \mathbf{D} - \{0\} \\ \dot{V}(0) &< 0 \ dans \ D - \{0\} \end{aligned} \tag{1.5}$$

Donc $x = 0$ est globalement asymptotique stable.

* *Une fonction $V : \mathbf{D} \to \mathbf{R}$ est radialement non bornée si :*

$$\lim_{\|x\| \to +\infty} V(x) = +\infty$$

1.2.6 Théoréme de la stabilité exponentielle

On suppose que les conditions du théorème de la stabilité asymptotique sont satisfaites et on suppose qu'il existe des constantes positives K_1, K_2, K_3 et p telle que :

$$K_1\|x\|^p \leq V(x) \leq K_2\|x\|^p$$
$$\dot{V}(x) \leq K_3\|x\|^p \qquad (1.6)$$

1.3 Observateurs non linéaires

Dans cette partie, on citera quelques techniques de synthèse des observateurs non linéaires qui se basent sur les observateurs de type Luenberger. Pour cela, on commence par présenter le principe d'observateur et d'estimation d'état.

1.3.1 Notion d'observabilité non linéaire

On considère le système non linéaire de la forme :

$$\begin{cases} \dot{x} = f(x,u) \\ y = h(x) \end{cases} \qquad (1.7)$$

Avec $x \in \mathbf{R}^n$, $u \in \mathbf{R}^k$ et $y \in \mathbf{R}^m$. Les fonctions f et h sont régulières.

La notion de l'observabilité des systèmes dynamiques est basée sur le principe de distinguabilité défini comme suit :

Définition (1.3)
La paire d'états initiaux (x_0^1, x_0^2) est dite indistinguable (noté $x_0^1 I x_0^2$), si pour tout $t \geq 0$, les sorties $y_1(t)$ et $y_2(t)$ sont identiques $(y_1(t) = y_2(t))$ pour toute entrée $u(t)$ admissible.

L'indistinguabilité I est une relation d'équivalence, $I(x)$ représente la classe d'équivalence de x.

Définition (1.4) : Observabilité globale
Le système (1.7) est globalement observable en x, si tous les états $x \in \mathbf{R}^n$ sont discernables.

Définition (1.5) : Observabilité locale
On dit que le système (1.7) est localement observable en $x_0 \in \mathbf{R}^n$, si pour tout voisinage ouvert U_0 de x_0, l'ensemble des points qui sont indistinguables de x_0 dans U_0 via les trajectoires de U_0 est le point x_0 lui-même.

1.3.2 Principe d'observateur

Généralement dans la pratique, on ne dispose pas des mesures de tous les états du système dynamique, donc on est obligé d'estimer les états non mesurables à l'aide d'un observateur. Ce dernier représente un système dynamique auxiliaire alimenté par les entrées et les sorties du système principal pour donner comme sortie une estimation des états non mesurables. L'observateur qui va être présenté est classé par ses auteurs "un observateur

7

étendu de Luenberger". Au début, il a été élaboré par [5], ensuite il a été appliqué aux systèmes mis sous forme canonique [6].

Définition (1.6)

Soit le système dynamique décrit par les équations :

$$\begin{cases} \dot{z} = \phi(z, u, y) \\ \hat{x} = \rho(z, y) \end{cases} \tag{1.8}$$

Avec $z \in \mathbf{R}^p$, le système (1.8) est un observateur asymptotique pour le système (1.7) si on satisfait les conditions suivantes :

$$x(0) = \hat{x}(0) \Longrightarrow x(t) = \hat{x}(t) \ \forall t \geq 0 \tag{1.9}$$

S'il existe un voisinage ouvert $\Omega \in \mathbf{R}^n$ de l'origine tel que :

$$x(0) - \hat{x}(0) \in \Omega \Longrightarrow \|x(t) - \hat{x}(t)\| \longrightarrow 0 \ quand \ \forall t \longrightarrow +\infty \tag{1.10}$$

Dans le cas où $\hat{x}$ égal à z, alors l'observateur du système (1.7) peut être exprimé par :

$$\begin{cases} \dot{\hat{x}} = f(\hat{x}, u) + K(\hat{x}, u, y)(y - \hat{y}) \\ \hat{y} = h(\hat{x}) \end{cases} \tag{1.11}$$

1.3.3 Quelques techniques de synthèse de l'observateur de Luenberger étendu aux systèmes non linéaires

* Méthode de transformation non linéaire

Cette technique consiste à effectuer un changement de coordonnée afin d'écrire le système non linéaire sous forme canonique dans le but d'estimer le vecteur d'état du nouveau système en utilisant l'observateur de Luenberger. L'état du système original est obtenu en effectuant le changement de coordonnées inverse.

Dans [7], Il a considéré le système dynamique autonome suivant :

$$\begin{cases} \dot{x} = f(x) \\ y = h(x) \end{cases} \tag{1.12}$$

Le passage à la forme canonique s'effectue en utilisant un changement de coordonnées non linéaire tel que :

$$z = T(x) \tag{1.13}$$

Le système sous forme canonique s'écrit :

$$\begin{cases} \dot{z} = A_c z + \lambda(y) \\ y = C_c z \end{cases} \tag{1.14}$$

$$\text{Avec : } A_c = \begin{pmatrix} 0 & 1 & 0 & \cdots & 0 \\ 0 & 0 & 1 & \cdots & \vdots \\ \vdots & \ddots & \ddots & \ddots & 0 \\ \vdots & \ddots & \ddots & \ddots & 1 \\ 0 & \cdots & \cdots & 0 & 0 \end{pmatrix} \text{ et } C_c = \begin{bmatrix} 1 & 0 & \cdots & 0 \end{bmatrix}$$

L'observateur de Luenberger correspondant à la forme canonique précédente s'écrit sous la forme suivante :

$$\dot{\hat{z}} = A_c \hat{z} + \lambda(y) + K(y - C_c \hat{z}) \tag{1.15}$$

Dans ce même contexte de travaux, [8] a proposé des extensions pour appliquer la transformation canonique sur les systèmes commandés qui sont de la forme suivante :

$$\begin{cases} \dot{x} = f(x, u) \\ y = h(x, u) \end{cases} \tag{1.16}$$

La forme canonique correspondante est définie par :

$$\begin{cases} \dot{z} = A_c z + \lambda(y, U) \\ v = C_c z \end{cases} \tag{1.17}$$

Avec : $U = \begin{bmatrix} u & \dot{u} & \cdots & u^{(n)} \end{bmatrix}^T$ et les transformations non linéaires sont données par :

$$\begin{cases} z = T(x, U) \\ v = \psi(x, U) \end{cases} \tag{1.18}$$

Dans la condition où les dérivées de l'entrée sont réalisables alors la structure de l'observateur s'écrit :

$$\begin{cases} \dot{\hat{z}} = A_c \hat{z} + \lambda(y, U) + K(v - \hat{v}) \\ \hat{v} = C_c \hat{z} \end{cases} \tag{1.19}$$

* Observateur de Luenberger Généralisé

Cette conception d'observateur a été proposée par Murat Arcak en ajoutant un deuxième retour d'état de sortie linéaire à l'intérieur de la partie non linéaire du système afin d'obtenir une nouvelle forme pour le système dynamique (1.17) [9], [10], [11] et [12] :

$$\begin{cases} \dot{x} = Ax + G\gamma(Hx) + \rho(y, u) \\ y = Cx \end{cases} \tag{1.20}$$

Où la paire (A, C) est détectable et $\gamma(.)$ et $\rho(., .)$ sont localement lipschitziennes. La non linéarité $\gamma(.)$ est un vecteur de dimension r avec chaque composante est une combinaison linéaire d'état tel que :

$$\gamma_i = \gamma_i \left(\sum_{j=1}^{n} H_{ij}x_j \right), i = 1, ..., r. \tag{1.21}$$

Toutes les composantes de γ sont des fonctions décroissantes satisfaisant la condition suivante :

$$(a - b)\left[\gamma_i(a) - \gamma_i(b)\right] \geq 0 \,\forall\ a \neq b \in \mathbf{R} \tag{1.22}$$

L'observateur correspondant s'écrit sous la forme suivante :

$$\dot{\hat{x}} = A\hat{x} + L(C\hat{x} - y) + G\gamma(H\hat{x} + K(C\hat{x} - y)) + \rho(y, u) \tag{1.23}$$

La dynamique d'erreur d'état de ce type d'observateur est donnée par :

$$\dot{e} = (A - LC)e + G[\gamma(v) - \gamma(\omega)] \tag{1.24}$$

Avec : $v = Hx$ et $\omega = H\hat{x} + K(C\hat{x} - y)$.

La condition de convergence est donnée par le théorème suivant :

Théorème

Considérons le système (1.20), l'observateur (1.23) :

Supposons que $x(t)$ existe pour tout $t \geq 0$. S'il existe une matrice $P = P^T > 0$, une constante $\nu < 0$ et une matrice diagonale $\Lambda > 0$ telle que :

$$\begin{bmatrix} (A + LC)^T P + P(A + LC) + \nu I & PG + (H + KC)^T \Lambda \\ G^T P + \Lambda(H + KC) & 0 \end{bmatrix} \leq 0 \tag{1.25}$$

Alors l'erreur d'estimation $e(t)$ satisfait :

$$e(t) \leq k|e(0)|exp(-\beta t) \quad \forall t \geq 0 \tag{1.26}$$

Avec : $k = \dfrac{\sqrt{\lambda_{max}(P)}}{\sqrt{\lambda_{min}(P)}}$; $\beta = \dfrac{\nu}{2\lambda_{max}(P)}$.

* Observateur asymptotique non linéaire

D'après ce qui précède, on remarque que la plupart des techniques, pour la construction des observateurs des systèmes non linéaires déterministes, utilisent généralement la transformation canonique observable qui n'est pas évidente à réaliser vu la complexité des systèmes à étudier. Sur ce fait, on est obligé de travailler sur une plage restreinte des systèmes non linéaires. Cependant, il existe une technique proposée par [13] dans laquelle il a proposée un observateur asymptotique non linéaire sans avoir besoin de passage à la forme canonique. Ce qui donne l'avantage de travailler sur un ensemble plus large de systèmes dynamiques non linéaires. Dans ce cadre, il a considéré la structure suivante de système dynamique :

$$\begin{cases} \dot{x} = f(x, u) \\ y = Cx \end{cases} \tag{1.27}$$

En supposant que la fonction f est continûment différentiable. Sous ces conditions, nous allons chercher un observateur asymptotique de l'état du système (1.27) qui a la structure de l'observateur non linéaire d'ordre plein de type Luenberger décrit dans [5] :

$$\begin{cases} \dot{\hat{x}} = f(\hat{x}, u) + G(u)(y - \hat{y}) \\ \hat{y} = C\hat{x} \end{cases} \tag{1.28}$$

Pour une erreur d'estimation $e = x - \hat{x}$, on peut écrire sa dynamique sous la forme suivante :

$$\dot{e} = f(x, u) - f(\hat{x}, u) - G(u)Ce \tag{1.29}$$

Le système (1.28) est un observateur asymptotique du système (1.27) si et seulement si l'erreur d'estimation e tend asymptotiquement vers zéro quand t tend vers l'infini, quelque soit l'état initial $\hat{x}_0$ de l'observateur et la commande u du système.

Dans ce cadre, on peut exprimer $f(x, u)$ par son développement de Taylor au premier ordre, le long de la trajectoire de $\hat{x}$; quand $\hat{x}$ devient suffisamment proche de x. Donc on peut écrire :

$$f(x, u) = f(\hat{x}, u) + D_x(f(\hat{x}, u))e \tag{1.30}$$

Avec : $D_x(f(\hat{x}, u)) = \frac{\partial f(x, u)}{\partial x}|_{x=\hat{x}}$.

En introduisant (1.30) dans l'équation de la dynamique de l'erreur d'estimation, on obtient :

$$\dot{e} = (D_x(f(\hat{x}, u)) - G(u)C)e \tag{1.31}$$

* $\forall \, u(t)$ et $e(t) \in ker(C) - \{0\}$, il existe une matrice P symétrique positive telle que :
  $e^T P D_x(f(\hat{x}, u))e < 0$

* Il existe une fonction réelle à valeurs positives $\rho(u)$ et une constante réelle positive c telle que pour $G(u) = c\rho(u)P^{-1}C^T$:

$$\dot{V}(e) = e^T(PD_x(f(\hat{x}, u)) - G(u)C)e < 0 \tag{1.32}$$

1.4 Observateurs non linéaires à entrées inconnues

Le problème d'observation du vecteur d'état des systèmes non linéaires soumis à des entrées inconnues, a reçu une attention Particulière au cours de la dernière décennie. L'observateur à entrées inconnues trouve une large application dans les problèmes de détection et d'isolation des défauts. La conception d'observateurs pour les systèmes non linéaires est un problème crucial. Dans de nombreuses approches non linéaires, des transformations de coordonnées sont utilisées pour mettre le système dans une forme canonique appropriée. L'autre problème est que la construction de la transformation de l'état, nécessite la résolution d'équations aux dérivées partielles qui sont délicat à traiter. Donc, la conception générale d'observateurs à entrées inconnues des systèmes non linéaires est très difficile, certains auteurs ont considéré des observateurs à entrées inconnues pour une classe

Lipschitzienne des systèmes non linéaires.

1.4.1 Approche des observateurs non linéaires à entrées inconnues

Une extension directe de l'observateur à entrées inconnues (UIO) pour le cas non linéaire a été considérée dans [14]. L'approche prend avantage de la structure du modèle du système, qui est supposée être en forme canonique observable [15]. Dans ce cas, une procédure de conception complète peut être atteinte. La classe des systèmes considérés dans [14] peut être décrite comme suit :

$$\begin{cases} \dot{x} = Ax + B(y,u) + Ed + K(x,u)f_f \\ y = Cx + K_s(x,u)f_s \end{cases} \tag{1.33}$$

Avec x, d, f_f, f_s, u et y représentent respectivement le vecteur d'état, l'entrée inconnue, le défaut actionneur, le défaut capteur, l'entrée et la sortie du système. En absence de défaut le système s'écrit sous la forme suivante :

$$\begin{cases} \dot{x} = Ax + B(y,u) + Ed \\ y = Cx \end{cases} \tag{1.34}$$

Pour obtenir une estimation robuste à la perturbation du vecteur d'état, il faut construire un observateur décrit par le système suivant :

$$\begin{cases} \dot{z} = Fz + TB(y,u) + Ky \\ \hat{x} = z + Hy \end{cases} \tag{1.35}$$

L'équation différentielle régissant l'évolution de $x - \hat{x}$ est donnée par :

$$\begin{aligned} \dot{e} = (A - HCA - K_1)e - (F - (A - HCA - K_1))\hat{x} - (K_2 - FH)y \\ -(T - (I - HC))B(y,u) - (HC - I)Ed \end{aligned} \tag{1.36}$$

Le système (1.36) est un observateur à entrées inconnues pour le système (1.35) si les matrices F, T, K et H peuvent être choisies telles que :

$$\begin{aligned} &(HC - I)E = 0 \\ &T = I - HC \\ &F = A - HCA - K_1 \quad stable \\ &K_2 = FH \end{aligned} \tag{1.37}$$

Si ces conditions sont respectées, alors le vecteur d'état estimé convergera vers le vecteur d'état réel même en présence d'entrées inconnues.

1.4.2 Approche LMI pour la construction d'observateur non linéaire à entrées inconnues

Dans cette section, nous allons présenter les travaux de Weintian [16], il propose un observateur non linéaire à entrées inconnues pour les systèmes de classe Lipschitzienne basée sur l'approche LMI. Récemment, l'approche LMI est devenue très puissante dans la conception de l'observateur. Il considère le système dynamique non linéaire suivant [16] :

$$\begin{cases} \dot{x} = Ax + Bu + f(x) + Dv \\ y = Cx \end{cases} \tag{1.38}$$

Avec $x \in \mathbf{R}^n$, $u \in \mathbf{R}^k$, $v \in \mathbf{R}^m$ et $y \in \mathbf{R}^p$ sont le vecteur d'état, l'entrée du système, l'entrée inconnue et la sortie du système, respectivement. Il suppose que D est de rang plein colonne.

$f(x)$ est une fonction non linéaire qui remplie la condition suivante :

Il existe une constante positive γ telle que :

$$|f(x) - f(\hat{x})| \le \gamma |x - \hat{x}| \tag{1.39}$$

Weintian propose l'observateur suivant :

$$\begin{cases} \dot{z} = Nz + Gu + Ly + Mf(\hat{x}) \\ \hat{x} = z - Ey \end{cases} \tag{1.40}$$

Où les matrices N, G, L et M sont définies par :

$$\begin{aligned} N &= MA - KC \\ G &= MB \\ L &= K(I + CE) - MAE \\ MD &= 0 \\ M &= I + EC \end{aligned} \tag{1.41}$$

Une condition suffisante de l'existence de l'observateur est proposée par le théorème suivant :

Théorème

s'il existe deux matrices E et K et une matrice symétrique définie positive $P > 0$ telle que :

$$ECD = -D \tag{1.42}$$
$$N^T P + PN + \gamma PMM^T P + \gamma I < 0 \tag{1.43}$$

Alors l'observateur donné par (1.40) et (1.41) peut tendre asymptotiquement $e(t) = \hat{x} - x$ vers zéro pour toute valeur initiale $e(0)$.

1.4.3   Observateur non linéaire robuste

Min-Shin Chen [17] propose un observateur non linéaire robuste pour les systèmes avec non-linéarité de Lipschitz. L'observateur proposé des importants avantages par rapport aux modèles précédents. Tout d'abord, le nouvel observateur n'impose pas la condition de petite constante de Lipschitz sur la non-linéarité du système. Il considère le système dynamique suivant [17] :

$$\begin{cases} \dot{x} = Ax + Bu + G_1 f(x) + G_2 d \\ y = Cx \end{cases} \tag{1.44}$$

Avec $x \in \mathbf{R}^n$, $u \in \mathbf{R}^m$ et $y \in \mathbf{R}^p$ sont le vecteur d'état, l'entrée et la sortie du système, respectivement. $f(x) \in \mathbf{R}^q$ est une non linéarité satisfaisant la condition de Lipschitz, telle que :

$$\|f(x) - f(\hat{x})\| \le \gamma \|x - \hat{x}\| \tag{1.45}$$

13

Pour toute constante de Lipschitz $\gamma > 0$, il est supposé que :

$$dim(y) \geq dim(f(x)) \tag{1.46}$$

$d \in \mathbf{R}^r$ représente une perturbation extérieure bornée, tel que :

$$\|d(t)\| \leq D \tag{1.47}$$

Un observateur non linéaire robuste pour le système (1.44) qui peut faire face à la fois à la non-linéarité et à la perturbation est proposé comme suit :

$$\dot{\hat{x}} = A\hat{x} + Bu + L(y - C\hat{x}) + G_1 f(\hat{x}) \tag{1.48}$$

Avec le gain d'injection de sortie $L = QC^T \in \mathbf{R}^{n \times p}$, et la matrice définie positive $Q \in \mathbf{R}^{n \times n}$ est obtenue à partir d'une modification de l'équation de Riccati :

$$
\begin{aligned}
Q(A + \alpha I)^T + (A + \alpha I)Q - QC^TCQ + \Pi[G_1, G_2][G_1, G_2]^T = 0 \\
\Pi > 0, \alpha > 0
\end{aligned}
\tag{1.49}
$$

1.5 Conclusion

Ce chapitre a été consacré d'une part à quelques principes relatifs à la stabilité et l'observabilité des systèmes dynamiques et à la formulation du principe d'estimation d'état. D'autre part, nous avons présenté un état de l'art qui regroupe les techniques de conception d'observateurs de Luenberger étendus pour les systèmes non linéaires. Pour cette classe générale de système, nous avons vu qu'il n'existe pas, à l'heure actuelle, de méthode universelle pour la synthèse d'observateurs. Les approches développées à ce jour sont soient une approximation des algorithmes linéaires, soient des algorithmes non linéaires spécifiques pour certaines classes de systèmes.

Chapitre 2

Proposition d'un observateur non linéaire à entrées inconnues

2.1 Introduction

La conception d'observateur pour les systèmes linéaires soumis à des entrées inconnues a attiré beaucoup d'attention dans le passé, ce qui explique la présence de plusieurs observateurs d'ordre plein [20] et [21].

Cependant une part importante des activités de recherche en automatique s'est focalisée sur le problème de l'observation de l'état des systèmes dynamiques non linéaires. Depuis le début des années quatre vingt dix ; des tentatives ont été faites pour étendre l'observateur à entrées inconnues conçu pour les systèmes linéaires à des systèmes non linéaires. On trouve plusieurs travaux sur les observateurs non linéaires à entrées inconnues de type Luenberger généralisé. Ce type de conception exige une transformation de l'état du système non linéaire afin de trouver une forme canonique qui présente une partie linéaire du vecteur d'état dans la dynamique du système. Mais le problème c'est que cette technique existe pour une classe limitée de système non linéaire, en plus le calcul de la forme canonique n'est pas toujours évident. Donc, la conception des observateurs non linéaires à entrées inconnues de type Luenberger est beaucoup plus difficile que celle des systèmes linéaires puisque aucune méthode de conception systématique n'est disponible. Dans ce chapitre, on proposera une méthode de résolution des observateurs à entrées inconnues sans l'utilisation de la forme canonique. On traitera l'estimation d'état et l'estimation de la fonction d'état.

2.2 Estimation d'état robuste aux perturbations

Un système tolérant aux pannes est capable de maintenir la stabilité du système à un degré de performance en présence de défauts. Ces systèmes sont généralement classés en deux approches : "méthode passive de la commande tolérante aux pannes" et "méthode active de la commande tolérante aux pannes". Dans l'approche passive, la loi de commande conçue est robuste à un ensemble prédéfini de défauts. Ces défauts sont considérés comme une perturbation ou entrées inconnues agissant sur le système. Notre objectif est l'estimation du vecteur d'état robuste aux perturbations en utilisant un observateur à entrées inconnues.

Le nouvel observateur non linéaire à entrées inconnues représente une extension de l'observateur de Luenberger. Il est basé sur la linéarisation le long d'une trajectoire à l'aide de l'approximation de Taylor du premier ordre. L'observateur est capable de tracer la trajectoire du vecteur d'état en présence de fonction non-linéaire et des entrées inconnues dans la dynamique du système. On proposera de nouvelles conditions pour l'existence de l'observateur [38]-[40].

On considère le système dynamique non linéaire suivant :

$$\begin{cases} \dot{x} = f(x) + Bu + Ed \\ y = Cx \end{cases} \qquad (2.1)$$

Avec $x \in \mathbf{R}^n$ décrit l'état du système, $u \in \mathbf{R}^k$ l'entrée du système, $d \in \mathbf{R}^p$ l'entrée inconnue et $y \in \mathbf{R}^m$ la sortie du système. $B \in \mathbf{R}^{n \times k}$, $E \in \mathbf{R}^{n \times p}$ et $C \in \mathbf{R}^{m \times n}$ sont des matrices constantes de dimension appropriée. $f(.)$ est supposé être continûment dérivable, nous posons que $rang(C) = m$ et $rang(E) = p$.

Le but est la conception d'un observateur capable d'estimer asymptotiquement les états du système non linéaire sans aucune connaissance de l'entrée d.

Dans la suite du manuscrit, on simplifie les expressions suivantes de telle sorte que : $F_{\hat{x}}, K_{\hat{x}}, f_{\hat{x}}, h_{\hat{x}}$ et f_x représentent respectivement $F(\hat{x}), K(\hat{x}), f(\hat{x}), h(\hat{x})$ et $f(x)$.

2.2.1 Théorème

Nous proposons un observateur local de l'état x du système (2.1) obtenu par (2.2) [38] :

$$\hat{x} = z + Hy \qquad (2.2)$$

Avec z est donné par :

$$\dot{z} = F_{\hat{x}}z + Tu + K_{\hat{x}}y + P(f_{\hat{x}} - D_x(f_{\hat{x}})\hat{x}) \qquad (2.3)$$

Où $F_{\hat{x}}, K_{\hat{x}}, T, P$ et H sont les matrices définies par :

$$F_{\hat{x}} = PD_x(f_{\hat{x}}) - K_{1\hat{x}}C \qquad (2.4a)$$

$$K_{\hat{x}} = K_{1\hat{x}} + F_{\hat{x}}H \qquad (2.4b)$$

$$PE = 0 \qquad (2.4c)$$

$$T + PB = 0 \qquad (2.4d)$$

$$P = I - HC \qquad (2.4e)$$

Les conditions suivantes sont nécessaires à l'existence :

$$rang[CE] = rang[E] = p \qquad (2.5a)$$

$$PD_x(f_{\hat{x}}) - K_{1\hat{x}}C < 0 \qquad (2.5b)$$

Avec $z \in \mathbf{R}^n$, $\hat{x} \in \mathbf{R}^n$ et $D_x(f_{\hat{x}})$ sont l'état, la sortie de l'observateur et la matrice jacobienne de f par rapport à $\hat{x}$. $F_{\hat{x}} \in \mathbf{R}^{n \times n}$, $T \in \mathbf{R}^{n \times k}$, $K_{\hat{x}} \in \mathbf{R}^{n \times m}$, $H \in \mathbf{R}^{n \times m}$ et $P \in \mathbf{R}^{n \times n}$ sont des matrices à déterminer de telle sorte que $\hat{x}$ converge asymptotiquement vers x.

2.2.2 Preuve

A partir de l'expression de l'erreur d'estimation, on peut écrire :

$$e = x - \hat{x} = x - z - Hy = -z + (I - HC)x \qquad (2.6)$$

Prenons $P = I - HC$, (2.6) devient :

$$e = Px - z \tag{2.7}$$

Afin d'étudier la stabilité et la convergence de l'observateur. On analyse la dynamique de l'erreur d'estimation e :

$$\dot{e} = \dot{x} - \dot{\hat{x}} = P\dot{x} - \dot{z} \tag{2.8}$$

L'observateur local reconstruit asymptotiquement l'état du système (2.1), si l'erreur d'estimation e converge asymptotiquement vers zéro lorsque t tend vers l'infini et quelque soit l'état initial de l'observateur z_0 et l'entrée du système u. Alors, on peut approcher la fonction $f(x)$ par son développement de Taylor au premier ordre le long de la trajectoire si $\hat{x}$ est devenu suffisamment proche de x :

$$f_x = f_{\hat{x}+e} = f_{\hat{x}} + D_x(f_{\hat{x}})e + h_{\hat{x}} \tag{2.9}$$

Avec $h_{\hat{x}}$ les termes d'ordre supérieur et D_x est l'opérateur différentiel défini par :

$$D_x(f_{\hat{x}}) = \left. \frac{\partial f_x}{\partial x} \right|_{x=\hat{x}} \tag{2.10}$$

En considérant la relation (2.8), on obtient :

$$\dot{e} = -F_{\hat{x}}z - Tu - K_{\hat{x}}y - Pf_{\hat{x}} + PD_x(f_{\hat{x}})\hat{x} + P(f_x + Bu + Ed) \tag{2.11}$$

L'utilisation de l'approche de Taylor en négligeant les termes d'ordre supérieur, nous conduit à la dynamique d'erreur suivante :

$$\begin{aligned} \dot{e} &\approx -F_{\hat{x}}z - Tu - K_{\hat{x}}y - Pf_{\hat{x}} + PD_x(f_{\hat{x}})\hat{x} + Pf_{\hat{x}} + PBu + PD_x(f_{\hat{x}})e \\ &+ PEd \end{aligned} \tag{2.12}$$

Nous supposons que $K_{\hat{x}} = K_{1\hat{x}} + K_{2\hat{x}}$ et on remplace z par $(\hat{x} - Hy)$. L'expression (2.12) devient :

$$\begin{aligned} \dot{e} &\approx -F_{\hat{x}}\hat{x} + (PD_x(f_{\hat{x}}) - K_{1\hat{x}}C)x + (-K_{2\hat{x}} + F_{\hat{x}}H)y + (PB - T)u \\ &+ PEd \end{aligned} \tag{2.13}$$

Notre objectif est la détermination des conditions pour garantir la convergence asymptotique de $\hat{x}$ vers x. Donc, on procède comme suit :

$$\begin{aligned} \dot{e} &\approx (PD_x(f_{\hat{x}}) - K_{1\hat{x}}C)e - (F_{\hat{x}} - (PD_x(f_{\hat{x}}) - K_{1\hat{x}}C))\hat{x} + PEd \\ &+ (F_{\hat{x}}H - K_{2\hat{x}})y + (PB - T)u \end{aligned} \tag{2.14}$$

Dans l'équation (2.14), $K_{1\hat{x}}, K_{2\hat{x}}, T$ et P sont des matrices à déterminer pour construire l'observateur donné par (2.2). Il est très utile de choisir une erreur donnée par un processus autonome, indépendante des variables d, y, u et $\hat{x}$. Ceci conduit à :

$F_{\hat{x}} + (K_{1\hat{x}}C - PD_x(f_{\hat{x}})) = 0$

$F_{\hat{x}}H - K_{2\hat{x}} = 0$

$PE = 0$

$PB - T = 0$

Nous obtenons la nouvelle équation $\dot{e} \approx (PD_x(f_{\hat{x}}) - K_{1\hat{x}}C)e$. La convergence de l'estimateur dépend de la matrice suivante : $F_{\hat{x}} = PD_x(f_{\hat{x}}) - K_{1\hat{x}}C$.

2.2.3 Preuve des conditions d'existence

* **Première condition (2.5a)**

A partir de (2.4), nous avons :

$$PE = (I - HC)E = 0 \Longrightarrow HCE = E \qquad (2.15)$$

La solution de cette équation depend du rang de la matrice CE, donc :

$$H \text{ existe si et seulement si } \mathrm{rang[CE]=rang[E]=p.} \qquad (2.16)$$

* **Deuxième condition (2.5b)**

L'objectif est de déterminer la matrice $K_{1\hat{x}}$ de sorte que l'erreur d'estimation converge asymptotiquement vers zéro.
Soit :

$$V(e) = \frac{1}{2}e^T P_1 e \qquad (2.17)$$

Avec P_1 est une matrice symétrique définie positive, la dynamique de la fonction de Lyapunov s'écrit :

$$\dot{V}(e) = e^T P_1 (PD_x(f_{\hat{x}}) - K_{1\hat{x}}C)e \qquad (2.18)$$

Pour assurer la convergence asymptotique de e vers zéro, il faut que la dérivée de V soit une fonction définie négative.

Dans [13], Adjallah propose un algorithme pour la détermination du gain $K_{1\hat{x}}$ basée sur l'hypothése que $ker(C) \neq \{0\}$. L'algorithme comporte deux étapes :

* *Première étape :*

Considérons l'hypothèse que $ker(C) \neq \{0\}$, on peut écrire (2.18) sous la forme suivante :

$$\dot{V}(e) = \bar{e}^T N^T P_1 PD_x(f_{\hat{x}}) N\bar{e} \qquad (2.19)$$

Avec N est la matrice orthogonale à droite de C et $e = N\bar{e}$. Adjallah a montré dans [13], qu'il existe une constante positive k_1 tel que pour tout $e \in ker(C) - \{0\}$, il existe un voisinage S_e de e tel que :

$$\bar{e}^T N^T P_1 PD_x(f_{\hat{x}}) N\bar{e} \leq -k_1 \|\bar{e}\|^2 \qquad (2.20)$$

$\forall(\hat{x}, \bar{e}) \in \mathbf{R}^n \times S_e$

Généralement, P_1 est déterminée par la résolution d'inégalité en utilisant les techniques algébriques de majoration de fonction. Une solution existe si la non linéarité du système est bornée. Ce qui est toujours le cas dans la pratique.

* *deuxième étape :*

La matrice P_1 est déterminée. Maintenant, on considére $e \in \mathbf{R}^n$ et cherchant la matrice $K_{1\hat{x}}$ qui satisfait la condition de convergence de e vers zéro.

$$\dot{V}(e) = e^T P_1 P D_x(f_{\hat{x}})e - e^T P_1 K_{1\hat{x}} Ce < 0 \tag{2.21}$$

$\dot{V}(e)$ sera négative, si $K_{1\hat{x}}$ est défini tel que le terme $e^T P_1 K_{1\hat{x}} Ce$ est une fonction positive et suffisament grande pour que le second membre de (2.21) soit négatif.

Une expression de $K_{1\hat{x}}$ satisfaisant cette condition est proposée par Adjallah [13] :

$$K_{1\hat{x}} = P_1^{-1} G_{\hat{x}} C^T Q \tag{2.22}$$

Avec Q est une matrice carrée de dimension m. L'équation (2.21) s'écrit :

$$\dot{V}(e) = e^T P_1 P D_x(f_{\hat{x}})e - e^T G_{\hat{x}} C^T Q Ce \tag{2.23}$$

Pour majorer le premier terme de l'équation (2.23), nous cherchons à déterminer un matrice définie positive $\overline{G}_{\hat{x}}$ satisfaisant l'inégalité suivante :

$$|e^T P_1 P D_x(f_{\hat{x}})e| < e^T \overline{G}_{\hat{x}} e \tag{2.24}$$

En choisissant $G_{\hat{x}} = \overline{G}_{\hat{x}}$; nous obtenons alors l'inégalité suivante :

$$\dot{V}(e) < e^T \overline{G}_{\hat{x}} e - e^T \overline{G}_{\hat{x}} C^T Q Ce \tag{2.25}$$

L'inégalité (2.25) peut être réécrite comme suit :

$$\dot{V}(e) < e^T \overline{G}_{\hat{x}} (I - C^T Q C)e < 0 \tag{2.26}$$

Q est une matrice satisfaisant $C^T Q C - I \geq 0$, et $\overline{G}_{\hat{x}}$ est une matrice diagonale, telle que :

$$\overline{G}_{\hat{x}} = \begin{pmatrix} \alpha_1(\hat{x}) & 0 & 0 & \cdots & 0 \\ 0 & \alpha_2(\hat{x}) & 0 & \cdots & 0 \\ 0 & 0 & \alpha_3(\hat{x}) & \ddots & \vdots \\ \vdots & \ddots & \ddots & \ddots & 0 \\ 0 & 0 & \cdots & 0 & \alpha_n(\hat{x}) \end{pmatrix} \tag{2.27}$$

Avec :

$$\alpha_k(\hat{x}) = \sum_{j=1}^{n} |g_{kj}| + \sum_{i=1}^{n} |g_{ik}| \tag{2.28}$$

Où $k = 1, 2 ..., n.$ et g_{kj}, g_{ik} représentent les éléments de la matrice $P_1 P D_x(f_{\hat{x}})$.

2.2.4 Exemple d'application (moteur à courant continu)

Le problème de la commande d'un moteur à courant continu a été étudié en utilisant différentes techniques. Plus récemment, la technique de la géométrie différentielle non linéaire et la méthode de linéarisation ont été utilisés pour la commande de deux types de moteurs à courant continu (série et shunt). En dépit de ces progrès, une étude plus approfondie est nécessaire pour développer une conception simple et pour donner en plus un contrôle efficace et une meilleure robustesse. Les moteurs à courant continu sont souvent utilisés dans des applications où un couple de démarrage est nécessaire et un couple de charge appréciable existe en fonctionnement normal. Ces applications comprennent des chaînes de traction, des locomotives et des grues [35] et [36].

Modélisation du moteur à courant continu

La figure (2.1) représente le schéma électrique du moteur à courant continu :

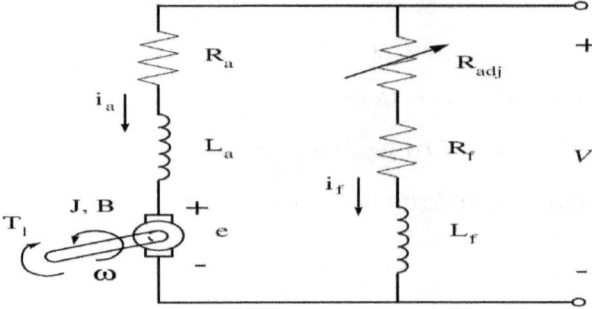

Fig. 2.1 Moteur à courant continu

Avec : i_a représente le courant du rotor, i_f est le courant du stator, w représente la vitesse angulaire, la variable de commande V est la tension continue variable délivrée au moteur, R_a résistance du rotor, L_a inductance du rotor, R_f résistance du stator, L_f inductance du stator, B coefficient de frottement visqueux, J moment d'inertie de la charge, T_l couple résistant et R_{adj} résistance variable qui doit être choisi en fonction de la vitesse angulaire maximale souhaitée.

Le flux dans l'induit noté ϕ_f est une fonction de courant d'induit. Il est défini par :

$$\phi_f = f(i_f) \tag{2.29}$$

De plus si le circuit magnétique est non saturé alors la fonction f(.) est linéaire [36] :

$$\phi_f = L_f i_f \tag{2.30}$$

La force électromotrice e de ce moteur est donnée par :

$$e = K_m \phi_f \omega \tag{2.31}$$

Où K_m est une constante dépendant des caractéristiques de la machine et s'exprimant par :

$$K_m = \frac{pn}{2a\Pi} \tag{2.32}$$

Où p est le nombre de paires de pôles, $2a$ est le nombre de voies d'enroulement et n est le nombre total de conducteurs de rotor.

Pour modéliser cette machine, nous étudions la partie électrique et la partie mécanique.

• **La partie électrique :**

La loi d'Ohm appliquée à la première maille du schéma électrique (fig.2.1) donne :

$$\frac{di_a}{dt} = -\frac{R_a}{L_a}i_a - \frac{e}{L_a} + \frac{V}{L_a} \tag{2.33}$$

La loi d'Ohm appliquée à la deuxième maille donne :

$$\frac{di_f}{dt} = -\frac{R_{adj} + R_f}{L_f}i_f + \frac{V}{L_f} \tag{2.34}$$

• **La partie mécanique :**

La relation fondamentale de la dynamique appliquée au moteur et sa charge donne :

$$J\frac{d\omega}{dt} = K_m\phi_f i_a - B\omega - T_l \tag{2.35}$$

Donc, on trouve :

$$\frac{d\omega}{dt} = \frac{K_m L_f}{J}i_a i_f - \frac{B}{J}\omega - \frac{T_l}{J} \tag{2.36}$$

En utilisant les notations suivantes : $x_1 = i_a$, $x_2 = i_f$, $x_3 = \omega$, $V = u$ et $K_m L_f = M$. Nous obtenons le modèle mathématique [35] décrit par (2.37) :

$$\begin{cases} \dot{x}_1 = -\dfrac{R_a}{L_a}x_1 - \dfrac{M}{L_a}x_2 x_3 + \dfrac{1}{L_a}u \\[2mm] \dot{x}_2 = -\dfrac{R_f + R_{adj}}{L_f}x_2 + \dfrac{1}{L_f}u \\[2mm] \dot{x}_3 = -\dfrac{B}{J}x_3 + \dfrac{M}{J}x_1 x_2 - \dfrac{1}{J}T_l \\[2mm] y_1 = x_1 \\[2mm] y_2 = x_2 \end{cases} \tag{2.37}$$

On remarque que le couple résistant T_l agit sur le système comme une entrée inconnue.

Donc, on peut écrire le modèle mathématique du moteur DC sous la forme (2.1), tel que :

$$f(x) = \begin{pmatrix} -\frac{R_a}{L_a}x_1 - \frac{M}{L_a}x_2 x_3 \\ -\frac{R_f}{L_f}x_2 \\ -\frac{B}{J}x_3 + \frac{M}{J}x_1 x_2 \end{pmatrix}, \; B = \begin{pmatrix} \frac{1}{L_a} \\ \frac{1}{L_f} \\ 0 \end{pmatrix}, \; E = \begin{pmatrix} 0 \\ 0 \\ -\frac{1}{J} \end{pmatrix} \text{ et } C = \begin{pmatrix} 1 & 0 & 0 \\ 0 & 1 & 0 \end{pmatrix}.$$

Les paramètres du moteur à courant continu sont définis comme suit :

Paramètres du moteur DC	Valeur numérique
R_a	$0.699 \ \Omega$
L_a	$0.297 \ H$
M	2.134
R_f	$445 \ \Omega$
L_f	$56 \ H$
J	$2.79 \times 10^{-3} kg.m^2$
B	$4.45 \times 10^{-3} N.m/rad/s$
R_{adj}	$0 \ \Omega$

La commande $u = 50V$ et la perturbation :

$$T_l = 0N.m \qquad pour \ t = [\ 0 \quad 10s\ ] \ et \ t = [\ 20s \quad 40s\ ]$$
$$T_l = 10N.m \qquad pour \ t = [\ 10s \quad 20s\ ]$$

Dans cette partie, on suit l'algorithme proposé dans le paragraphe (2.2). On choisit une matrice de projection P tel que $PE = 0$, on prend P égale à :

$$P = \begin{pmatrix} 1 & 2 & 0 \\ 4 & 2 & 0 \\ 0.2 & 1 & 0 \end{pmatrix}$$

Donc, la matrice $PD_x(f_{\hat{x}})$ s'écrit :

$$PD_{\hat{x}}(f_x) = \begin{pmatrix} -2.35 & -7.18\hat{x}_3 - 15.89 & -7.18\hat{x}_2 \\ -9.41 & -28.7\hat{x}_3 - 15.89 & -28.7\hat{x}_2 \\ 0.47 & -1.43\hat{x}_3 - 7.94 & -1.43\hat{x}_2 \end{pmatrix}$$

On peut alors déterminer la matrice $\overline{G}_{\hat{x}} = diag(\alpha_i(\hat{x})), i = 1, 2, 3.$, telle que :

$$\alpha_1(\hat{x}) = |35.92\hat{x}_3 + 79.46| + 35.92|\hat{x}_2 + 72.95$$

$$\alpha_2(\hat{x}) = |7.18\hat{x}_3 + 39.73| + |35.92\hat{x}_3 + 79.46| + 287.40\hat{x}_3 158.92| + 143.7|\hat{x}_2| + 47.07$$

$$\alpha_3(\hat{x}) = |7.18\hat{x}_3 + 39.73| + 194|\hat{x}_2| + 2.35$$

Résultats de la simulation

La simulation de la figure 2.2 représente l'évolution de l'état du système durant l'intervalle du temps t= [0 40s], avec une commande $u = 50$V. Nous avons introduit une perturbation entre les instant $t_1 = 10s$ et $t_2 = 20s$. On remarque que la sortie de l'observateur converge rapidement vers l'état du système.

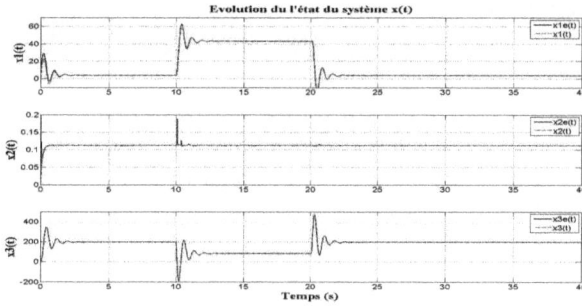

Fig. 2.2 Evolution du vecteur d'état

La figure 2.3 montre que, l'erreur d'estimation $e_x = x - \hat{x}$ converge rapidement vers zéro.

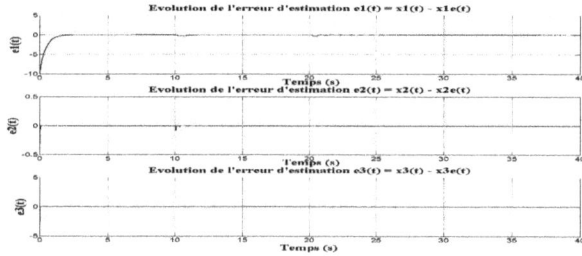

Fig. 2.3 Evolution de l'erreur d'estimation

2.3 Estimation de fonction d'état robuste aux perturbations

La complexité de la commande par retour d'état des systèmes non linéaire, nous incite à proposer des procédures de conception systématique pour répondre aux objectifs de la commande. Confronté à ces problèmes, il est clair que nous ne pouvons pas attendre d'une procédure particulière qui s'applique à tous les systèmes non linéaires. En pratique, seuls certains états sont mesurées. Dans un tel cas, soit une nouvelle approche qui représente directement la disponibilité du vecteur d'état complet, ou une approximation convenable pour déterminer le vecteur d'état. Dans ce contexte, on peut construire un observateur à entrées inconnues qui estime une fonction d'état $v(t)$ (représente la loi de commande).

Un observateur fonctionnel à entrées inconnues peut être utilisé pour estimer une fonction d'état. On peut citer quelques travaux dans le cadre des systèmes linéaires [18] - [21]. Ce type d'observateur est étendu aux systèmes non linéaires. En utilisant une classe particulière de systèmes non linéaires obtenu suite à une transformation de l'état, afin d'avoir un système présenté sous forme canonique. Certains auteurs utilisent la classe Lipschitzienne des systèmes non linéaires pour la construction de l'observateur à entrées inconnues.

On considère le système non linéaire décrit par les équations d'état et de mesure augmenté par une fonction

23

d'état utile pour la commande ou le diagnostic :

$$\begin{cases} \dot{x} = f(x) + Bu + Ed \\ y = Cx \\ v = Mx \end{cases} \tag{2.38}$$

Avec $x \in \mathbf{R}^n$ décrit l'état du système, $u \in \mathbf{R}^k$ l'entrée du système, $d \in \mathbf{R}^p$ l'entrée inconnue, $v \in \mathbf{R}^s$ la fonction d'état et $y \in \mathbf{R}^m$ la sortie du système. $B \in \mathbf{R}^{n \times k}$, $M \in \mathbf{R}^{s \times n}$, $E \in \mathbf{R}^{n \times p}$ et $C \in \mathbf{R}^{m \times n}$ sont des matrices constantes de dimensions appropriés. $f(.)$ est continûment dérivable , nous posons que $rang(C) = m$ et $rang(E) = p$.

2.3.1 Théorème

Nous proposons un observateur local de la fonction d'état v obtenue par [42] :

$$\hat{v} = Nz + Ly \tag{2.39}$$

Avec z est donné par :

$$\dot{z} = F_{\hat{x}} z + K_{\hat{x}} y + Tu + P(f_{\hat{x}} - D_x(f_{\hat{x}})\hat{x}) \tag{2.40}$$

$\hat{x}$ est définie par $z + Hy$ et les différentes matrices de l'observateur sont obtenues par :

$$F_{\hat{x}} = PD_x(f_{\hat{x}}) - K_{1\hat{x}}C \tag{2.41a}$$

$$K_{\hat{x}} = K_{1\hat{x}} + F_{\hat{x}}H \tag{2.41b}$$

$$PE = 0 \tag{2.41c}$$

$$T + PB = 0 \tag{2.41d}$$

$$L = MH \tag{2.41e}$$

$$N = M \tag{2.41f}$$

Les conditions nécessaires et suffisantes pour l'existence de l'observateur :

$$rang[CE] = rang[E] = p \tag{2.42a}$$

$$PD_x(f_{\hat{x}}) - P_1^{-1}G_{\hat{x}}C^TQC < 0 \tag{2.42b}$$

Avec $z \in \mathbf{R}^n$, $\hat{v} \in \mathbf{R}^s$ et $D_x(f_{\hat{x}})$ sont l'état, la sortie de l'observateur et la jacobienne de la matrice f par rapport à $\hat{x}$. $F_{\hat{x}} \in \mathbf{R}^{n \times n}$, $T \in \mathbf{R}^{n \times k}$, $K_{\hat{x}} \in \mathbf{R}^{n \times m}$, $H \in \mathbf{R}^{n \times m}$, $L \in \mathbf{R}^{s \times m}$, $N \in \mathbf{R}^{s \times n}$ et $P \in \mathbf{R}^{n \times n}$ sont des matrices qui doivent être conçues de telle sorte que $\hat{v}$ converge asymptotiquemet vers v, P_1 est une matrice symétrique définie positive, $G_{\hat{x}}$ est une matrice définie positive.

2.3.2 Preuve

Soit l'erreur d'estimation e_x (2.7) et $e_v = Me_x$ tel que $e_v = v - \hat{v}$. Pour estimer la fonction d'état, on a :

$$e_v = v - \hat{v} = Mx - Nz - Ly \tag{2.43}$$

L'erreur d'estimation e_v s'écrit aussi :

$$e_v = M e_x = Mx - Mz - MHy \tag{2.44}$$

A partir de (2.34) et (2.35), l'erreur d'estimation $e_v = M e_x$ si et seulement si :

$$N = M \text{ et } L = MH \tag{2.45}$$

Pour déterminer les autres matrices, on suit la procédure décrite dans la section précédente (2.2.1).

2.3.3 Exemple d'application

Nous reprenons l'exemple du moteur à courant continu décrit dans (2.2.4). On suit l'algorithme proposé dans la section (2.3), pour estimer les fonctions d'états suivantes :

$v_1(t) = x_1 + 2x_2$ et $v_2(t) = x_1 + x_3$.

Résultats de la simulation

La simulation de la fig.2.4 représente l'évolution de la fonction d'état durant l'intervalle du temps t= [0 40s], avec une commande $u = 50$V. Nous avons introduit une perturbation entre les instants $t_1 = 10s$ et $t_2 = 20s$. On remarque que la sortie de l'observateur converge rapidement vers la fonction d'état du système.

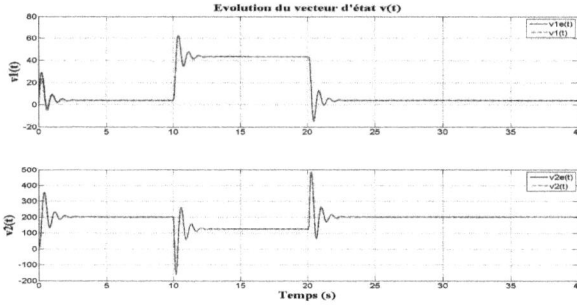

Fig. 2.4 Evolution de la fonction d'état

La figure (2.5) montre que, l'erreur d'estimation $e_v = v - \hat{v}$ converge rapidement vers zéro.

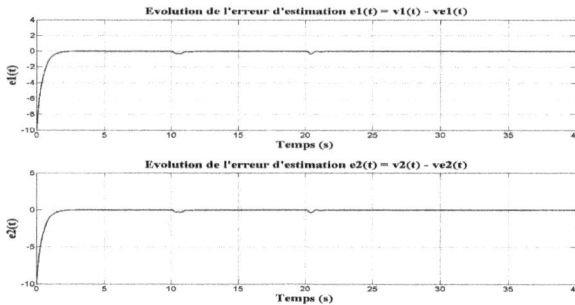

Fig. 2.5 Evolution de l'erreur d'estimation

2.4 Conclusion

Dans Ce chapitre, nous avons proposé un nouvel observateur non linéaire à entrées inconnues "une extension de l'observateur de Luenberger consacré au cas de la commande". Des conditions d'existences pour la synthèse de l'observateur ont été proposées. Cet observateur est caractérisé par la simplicité du développement mathématique utilisé pour sa conception. Il peut être utilisé pour une large classe de systèmes non linéaires. Des exemples numériques ont été donnés pour illustrer la mise en œuvre et la simplicité des procédures de la nouvelle conception.

Chapitre 3

Génération des résidus à l'aide des observateurs non linéaires à entrées inconnues

3.1 Introduction

L'une des étapes essentielles pour la commande tolérante aux défauts (FTC : Fault Tolerant Control) et la détection et l'isolation du défaut (FDI : Fault Detection and Isolation) [23]-[30]. La tâche principale peut être décrite comme la détermination précoce (détection) et la localisation (isolation) des éléments défectueux d'un système dynamique, ainsi que le moment de l'apparition des défauts. En raison de la grande pertinence de la FDI dans les installations industrielles ainsi que la disponibilité de méthodes appropriées, ce sujet est devenu un enjeu fondamental de la recherche dans la communauté de commande et de diagnostic.

Parmi les approches bien établies de la détection et d'isolation de défauts à base des modèles mathématiques, on trouve l'approche espace de parité, la méthode d'estimation des paramètres et l'approche observateur. Il a été montré que les méthodes d'estimation des paramètres et espace de parité ont des liens intéressants avec l'approche basée sur l'observateur. C'est pourquoi l'approche à base d'observateur est devenue l'une des plus pertinents sujets de la recherche dans le cadre de la FDI. Les méthodes de conception des observateurs de diagnostic pour les systèmes non linéaires trouvés dans la littérature sont souvent basées sur l'hypothèse que le système fonctionne pendant l'évolution normale au voisinage d'un point de fonctionnement. De toute évidence, dans de nombreux cas, la linéarisation est possible, mais les erreurs de linéarisation peuvent causer des problèmes dans l'algorithme de la FDI de telle sorte que ces erreurs peuvent être interprétées comme des défauts ; ce qui provoque des fausses alarmes. C'est pour cette raison, on trouve que les approches de synthèse d'observateurs non linéaires sont devenues de plus en plus importantes afin d'améliorer la performance des systèmes de détection de défauts. Certains résultats ont été atteints pour certaines classes de systèmes non linéaires, non seulement pour la détection de défaut mais aussi pour son isolation [23]-[26]. Néanmoins, une théorie générale non linéaire de FDI, ainsi que la conception des observateurs non linéaires de diagnostic est toujours incomplète. La raison principale est que l'estimation de l'ensemble ou de sous-ensemble de l'état ou de vecteur de mesure d'un système non linéaire n'est pas bien résolue. Des tentatives de surmonter la difficulté du traitement analytique de la non-linéarité ont été apparues en utilisant des méthodes non-analytiques (qualitatives et fondées sur la connaissance) telles que les réseaux de neurones ou de techniques floues. Dans ce chapitre, nous limiterons l'étude aux approches analytiques pour la conception des observateurs non linéaires de diagnostic.

La première partie du chapitre donne un bref aperçu de l'état de l'art des observateurs non linéaires de diagnostic pour les systèmes dynamiques non linéaires déterministes. La deuxième partie propose un observateur non linéaire de diagnostic, basé sur l'utilisation du développement de Taylor au premier ordre.

3.2 Etat de l'art

3.2.1 Génération des résidus par l'approche observateur

Dans cette section, nous citons brièvement les principales méthodes de génération des résidus à base d'observateur. Ces méthodes ont été développées au cours des dernières années ; pour des classes particulières de systèmes dynamiques non linéaires.

* Approche de l'observateur d'identité

Cette approche de diagnostic a été proposée, pour une classe plus générale des défauts dans les travaux de [27]-[29]. Ils considèrent le modèle non linéaire suivant :

$$\begin{cases} \dot{x} = f(x, u, \theta_f) \\ y = h(x, u, \theta_{fs}) \end{cases} \tag{3.1}$$

Avec $x \in \mathbf{R}^n$ est le vecteur d'état, $u \in \mathbf{R}^m$ est le vecteur des entrées connues du système, $y \in \mathbf{R}^p$ est la sortie du système, $\theta_f \in \mathbf{R}^l$ est le défaut actionneur, $\theta_{fs} \in \mathbf{R}^{l_s}$ est le défaut du capteur du système.

La structure du résidu correspondante au système (3.1) est la suivante :

$$\begin{cases} \dot{z} = f(z, u, \theta_f) + K(z, u)[y - \hat{y}] \\ r = y - h(z, u, \theta_{fs}) \end{cases} \tag{3.2}$$

L'erreur d'estimation est définie par :

$$e = x - z \tag{3.3}$$

Sa dynamique pourrait être écrite par :

$$\dot{e} = (F(z, u, \theta_f) - K(z, u)H(z, u, \theta_f))e + O_1(e^j, t)$$
$$r = H(z, u, \theta_f)e + O_2(e^j, t) \tag{3.4}$$

Avec :

$$F(z, u, \theta_f) = \frac{\partial f(x, u, \theta_f)}{\partial x}\Big|_{x=z} \tag{3.5}$$

et

$$H(z, u, \theta_f) = \frac{\partial h(x, u, \theta_f)}{\partial x}\Big|_{x=z} \tag{3.6}$$

$O_1(e^j, t)$ et $O_2(e^j, t)$ représentent les termes d'ordre supérieur par rapport à e. Ces termes seront négligés.

Le problème sera la conception de la matrice $K(z, u)$, de telle sorte que l'erreur d'estimation e converge asymptotiquement vers zéro.

Une solution à ce probléme est proposée par Adjalah [13], sous l'hypothése que $h(x,u) = Cx$ et $\{ker[C]\} \neq \{0\}$. D'aprés Adjallah, la matrice peut s'écrire sous la forme suivante :

$$K(z,u) = P^{-1}\overline{F}C^T Q \tag{3.7}$$

Avec P est une matrice symétrique définie positive et doit être déterminée de telle sorte que :

$$\bar{K}PF(z,u,\theta_f)\bar{K} < 0 \tag{3.8}$$

Avec $\bar{K}$ représente la matrice orthogonale à gauche de C. La matrice $\overline{F}$ est définie par :

$$\overline{F} = diag\left(\frac{1}{2}\sum_{j=1}^{n}|\psi_{ij} - \psi_{ji}|\right) \tag{3.9}$$

Avec ψ_{ij} représentent les éléments de la matrice $PF(z,u,\theta_f)$, et Q une matrice qui satisfait la condition suivante :

$$C^T QC - I \geq 0 \tag{3.10}$$

Avec ce choix de la matrice $K(z,u)$, l'erreur d'estimation e converge asymptotiquement vers zéro par l'approximation de Taylor au premier ordre [29].

* Approche de l'observateur non linéaire à entrées inconnues

Une extension directe de l'observateur à entrées inconnues (UIO : Unknown Input Observer) des systèmes linéaires dans le cas non linéaire a été considérée dans [14]. L'approche prend avantage de la structure du modèle du système, qui est supposé être sous forme canonique observable [15]. La classe des systèmes considérés dans [14] peut être décrite comme suit :

$$\begin{cases} \dot{x} = Ax + B(y,u) + Ed + K(x,u)f_f \\ y = Cx + K_s(x,u)f_s \end{cases} \tag{3.11}$$

Avec d représente l'entrée inconnue du système "perturbation", f_f représente le défaut actionneur et f_s représente le défaut capteur.

Un observateur du système (3.11) est donné par :

$$\begin{cases} \dot{z} = Fz + J(u,y) + Gy \\ r = L_1 z + L_2 y \end{cases} \tag{3.12}$$

Les conditions suivantes sur les matrices d'observation sont nécessaires pour fournir un découplage total des entrées inconnues d et les sensibilités du vecteur défaut.

$$F \quad stable$$

$$TA - FT = GC$$

$$J(y, u) = TB(y, u)$$

$$L_1 T + L_2 C = 0$$

$$TE = 0$$

$$rang\{TK(x, u)\} = rang\{K(x, u)\}$$

$$rang\left\{ \begin{bmatrix} G \\ L_2 \end{bmatrix} K_s(x, u) \right\} = rang\{K_s(x, u)\}$$

Si ces conditions sont satisfaites, les résidus obéissent aux équations :

$$\begin{aligned} \dot{e} &= Fe - GK(x, u)f_f + TK_s(x, u)f_s \\ r &= L_1 + L_2 K_s(x, u)f_s \end{aligned} \tag{3.13}$$

* Résidu d'un observateur non linéaire par Rétroaction

La complexité croissante de la synthèse de lois sophistiquées a nécessité le développement parallèle de système de détection et d'isolation des pannes (FDI). Dans ce cadre, [30] a développé un nouveau résidu conçu par un observateur non linéaire par rétroaction, qui est valable pour une certaine classe de systèmes non linéaires, tel que :

$$\begin{cases} \dot{x} = Ax + Ed + g(x_m, u, f) \\ y = Cx + Gf \end{cases} \tag{3.14}$$

Avec : $x_m = Nx$; $ker(N) \supseteq ker(C)$, $x \in \mathbf{R}^n$ est le vecteur d'état, $y \in \mathbf{R}^p$ est la vecteur de sortie, $u \in \mathbf{R}^m$ est le vecteur des entrées connues, $d \in \mathbf{R}^d$ est l'entrée inconnue "perturbation", f représente le défaut et $x_m \in \mathbf{R}^q$.

$$x_m = Nx = N * Cx = N * (y - Gf) \tag{3.15}$$

$$Soit \quad g(x_m, u, f) = g'(y, u, f) \tag{3.16}$$

pour obtenir le système suivant :

$$\begin{cases} \dot{x} = Ax + Ed + g'(y, u, f) \\ y = Cx + Gf \end{cases} \tag{3.17}$$

L'idée principale est d'exprimer la fonction non-linéaire $g'(y, u, f)$ par la somme de trois composantes : (1) une fonction non linéaire générale $B(y, u)$ qui est indépendante du défaut f,(2) un terme $K(y, u)f$ qui est clairement linéaire en défaut et (3) $\phi(y, u, f)$ qui est explicitement non linéaire en défaut et peut-être en y, u. Ainsi, le système d'équations peut être écrit comme suit :

$$\dot{x} = Ax + Ed + B(y, u) + K(y, u)f + \phi(y, u, f) \tag{3.18}$$

Avec :

$$B(y, u) = g'(y, u, 0) \tag{3.19}$$

$$K(y, u) = \frac{\partial g'(y, u, f)}{\partial f}|_{y,u,0} \tag{3.20}$$

$$\phi(y, u, f) = g'(y, u, f) - \frac{\partial g'(y, u, f)}{\partial f}|_{y,u,0}f - g'(y, u, 0) \tag{3.21}$$

On suppose que : $K(y, u) = K$

L'observateur proposé par S.Narasimhan [30] s'écrit donc sous la forme suivante :

$$\begin{cases} \dot{z} = Rz + J(u, y) + Sy + T\phi(y, u, r) \\ r = L_1(y, u)z + L_2(y, u)y \end{cases} \tag{3.22}$$

En absence de défaut, l'observateur converge asymptotiquement vers zéro, si les matrices R, J, S, T, L_1, L_2 existent et les conditions suivantes sont remplies :

$$TA - RT = SC \tag{3.23}$$

$$J = TB \tag{3.24}$$

$$TE = 0 \tag{3.25}$$

$$L_1 T + L_2 C = 0 \tag{3.26}$$

$$R = -\lambda I_l \quad , \lambda > 0 \tag{3.27}$$

$$L_1(SG - TK) = RL_2 G - R \tag{3.28}$$

$$\|L_1 T(\phi(y, u, f) - \phi(y, u, r))\|_2 \leq \gamma\|f - r\|_2 \quad , \gamma < \lambda \tag{3.29}$$

3.3 Proposition d'un résidu pour les systèmes non linéaires

On considère le système non linéaire décrit par la représentation d'état (3.30) :

$$\begin{cases} \dot{x} = f(x) + Bu + Df_1 \\ y = Cx \end{cases} \tag{3.30}$$

Avec $x \in \mathbf{R}^n$ décrit l'état du système, $u \in \mathbf{R}^k$ l'entrée du système, $f_1 \in \mathbf{R}^p$ représente le vecteur défaut et $y \in \mathbf{R}^m$ la sortie du système. $B \in \mathbf{R}^{n \times k}$, $D \in \mathbf{R}^{n \times p}$ et $C \in \mathbf{R}^{m \times n}$ sont des matrices constantes de dimensions appropriées. $f(.)$ est supposé être continûment dérivable, nous posons que $rang(C) = m$ et $rang(D) = p$.

Le but est la conception d'un observateur capable de détecter la présence des défauts pour les systèmes non linéaires.

3.3.1 Théorème

Un observateur local du résidu r peut être obtenu par :

$$r = Nz + Ly \tag{3.31}$$

Avec z est donné par :

$$\dot{z} = F_{\hat{x}}z + K_{\hat{x}}y + Tu + P(f_{\hat{x}} - D_x(f_{\hat{x}})\hat{x}) \tag{3.32}$$

$\hat{x}$ est définie par $z + Hy$ et les différentes matrices de l'observateur sont obtenues par :

$$F_{\hat{x}} = PD_x(f_{\hat{x}}) - K_{1\hat{x}}C \tag{3.33a}$$

$$K_{\hat{x}} = K_{1\hat{x}} + F_{\hat{x}}H \tag{3.33b}$$

$$PD \neq 0 \tag{3.33c}$$

$$T + PB = 0 \tag{3.33d}$$

$$LC = CP \tag{3.33e}$$

$$N = -C \tag{3.33f}$$

Les conditions nécessaires et suffisantes pour l'existence de l'observateur :

$$rang[CD] = rang[D] = p \tag{3.34a}$$

$$PD_x(f_{\hat{x}}) - P_1^{-1}G_{\hat{x}}C^TQC < 0 \tag{3.34b}$$

Avec $z \in \mathbf{R}^n$, $r \in \mathbf{R}^m$ et $D_x(f_{\hat{x}})$ sont l'état, la sortie de l'observateur et la jacobienne de f par rapport à $\hat{x}$. $F_{\hat{x}} \in \mathbf{R}^{n \times n}$, $T \in \mathbf{R}^{n \times k}$, $K_{\hat{x}} \in \mathbf{R}^{n \times m}$, $H \in \mathbf{R}^{n \times m}$, $L \in \mathbf{R}^{m \times m}$, $N \in \mathbf{R}^{m \times n}$ et $P \in \mathbf{R}^{n \times n}$ sont des matrices conçues de telle sorte que r converge asymptotiquement vers 0 en absence de défaut. P_1 est une matrice symétrique définie positive et $G_{\hat{x}}$ est une matrice définie positive.

3.3.2 Preuve

Soit l'erreur d'estimation e_x (2.7) et $r = e_y = Ce_x$ tel que $e_y = y - \hat{y}$ alors la génération du résidu devient possible, on aura :

$$e_y = y - \hat{y} = Cx - Cz - CHy = -Cz + C(I - HC)x \tag{3.35}$$

Puisque, on sait que : $P = I - HC$ et que l'erreur d'estimation e_y s'écrit aussi :

$$e_y = Ce_x = Nz + LCx \tag{3.36}$$

A partir des équations (3.35) et (3.36), l'erreur d'estimation est $e_y = Ce_x$ si seulement si :

$$N = -C \text{ et } LC = CP \tag{3.37}$$

La dynamique de l'erreur s'écrit sous la forme suivante :

$$\dot{e}_x = (PD_x(f_{\hat{x}}) - K_{1\hat{x}}C)e_x + PDf_1 \tag{3.38}$$

D'après l'expression (3.38), on voit très bien que le résidu est sensible au défaut.

Pour la détermination des autres matrices, on suit la procédure décrite dans la section (2.2) du chapitre 2.

3.3.3 Exemple d'application

On considère le système dynamique non linéaire suivant :

$$\begin{cases} \dot{x} = f_x + Bu + Df_1 \\ y = Cx \end{cases}$$

Avec : $f_x = \begin{pmatrix} x_2 + cos(x_1) + cos(x_2) + 2x_2x_3 \\ -sin(x_1) - 0.4x_2x_3 + cos(x_1) \\ \frac{1}{1+x_2^2} - x_3 \end{pmatrix}, B = \begin{pmatrix} 0 \\ 0.4 \\ 0 \end{pmatrix}, D = \begin{pmatrix} -1 \\ 0 \\ 0 \end{pmatrix},$

$C = \begin{pmatrix} 1 & 0 & 0 \\ 0 & 1 & 0 \end{pmatrix}$ et $u \in [\ -1 \quad 1\ ]$:

$f_1 = 0$ $\qquad$ pour $t = [\ 0 \quad 100s\ ]$ et $t = [\ 150s \quad 300s\ ]$
$f_1 = 1$ $\qquad$ pour $t = [\ 100s \quad 150s\ ]$

On choisit une matrice de projection P tel que $PD \neq 0$, on prend P égale à :

$$P = \begin{pmatrix} 1 & 0 & 0 \\ 0 & 1 & 0 \\ 0 & 0 & 1 \end{pmatrix}$$

On choisit la matrice P_1 satisfaisant la condition (2.20), telle que :

$$P_1 = \begin{pmatrix} 1 & 0 & 0 \\ 0 & 1 & 0 \\ 0 & 0 & 5 \end{pmatrix}$$

La matrice Q satisfaisant $(C^TQC - I)$ semi-definie positive est :

$$Q = \begin{pmatrix} 10 & 0 \\ 0 & 10 \end{pmatrix}$$

Résultats de la simulation

La simulation de la figure (3.1) représente l'évolution du résidu $r(t)$ durant l'intervalle du temps t= [0 $\quad$ 300s]. Nous avons introduit un défaut entre les instants $t_1 = 100s$ et $t_2 = 150s$ et nous avons ajouté un bruit gaussien de variance égale à 0.001 et de valeur moyenne nulle.

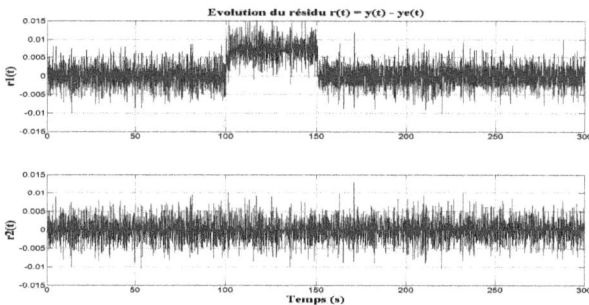

Fig. 3.1 Evolution du résidu

On remarque que le résidu $r(t)$ est sensible au défaut introduit dans le système entre les instants $t_1 = 100s$ et $t_2 = 150s$.

3.4 Proposition d'un résidu robuste aux perturbations

On considère le système non linéaire décrit par l'équation d'état suivante :

$$\begin{cases} \dot{x} = f(x) + Bu + Ed + Df_1 \\ y = Cx \end{cases} \tag{3.39}$$

Avec $x \in \mathbf{R}^n$ décrit l'état du système, $u \in \mathbf{R}^k$ l'entrée du système, $f_1 \in \mathbf{R}^p$ représente le vecteur défaut, $d \in \mathbf{R}^s$ représente le vecteur perturbation et $y \in \mathbf{R}^m$ la sortie du système. $B \in \mathbf{R}^{n \times k}$, $D \in \mathbf{R}^{n \times s}$, $E \in \mathbf{R}^{n \times s}$ et $C \in \mathbf{R}^{m \times n}$ sont des matrices constantes de dimension appropriées. $f(.)$ est supposé être continûment dérivable. Nous posons que $rang(C) = m$ et $rang(E) = s$.

Le but est la conception d'un observateur capable de détecter la présence de défauts pour les systèmes non linéaires soumis à des perturbations.

3.4.1 Théorème

Un observateur local du résidu r peut être obtenu par :

$$r = Nz + Ly \tag{3.40}$$

Avec z est donné par :

$$\dot{z} = F_{\hat{x}}z + K_{\hat{x}}y + Tu + P(f_{\hat{x}} - D_x(f_{\hat{x}})\hat{x}) \tag{3.41}$$

$\hat{x}$ est définie par $z + Hy$ et les différentes matrices de l'observateur sont obtenues par :

$$F_{\hat{x}} = PD_x(f_{\hat{x}}) - K_{1\hat{x}}C \tag{3.42a}$$

$$K_{\hat{x}} = K_{1\hat{x}} + F_{\hat{x}}H \tag{3.42b}$$

$$PE = 0 \tag{3.42c}$$

$$PD \neq 0 \tag{3.42d}$$

$$T + PB = 0 \tag{3.42e}$$

$$LC = CP \tag{3.42f}$$

$$N = -C \tag{3.42g}$$

Les conditions nécessaires et suffisantes pour l'existence de l'observateur :

$$rang[CE] = rang[E] = s \tag{3.43a}$$

$$rang[CD] = rang[D] = p \tag{3.43b}$$

$$PD_x(f_{\hat{x}}) - P_1^{-1}G_{\hat{x}}C^TQC < 0 \tag{3.43c}$$

Avec $z \in \mathbf{R}^n$, $r \in \mathbf{R}^m$ et $D_x(f_{\hat{x}})$ sont l'état, la sortie de l'observateur et la jacobienne de f par rapport à $\hat{x}$. $F_{\hat{x}} \in \mathbf{R}^{n \times n}$, $T \in \mathbf{R}^{n \times k}$, $K_{\hat{x}} \in \mathbf{R}^{n \times m}$, $H \in \mathbf{R}^{n \times m}$, $L \in \mathbf{R}^{m \times m}$, $N \in \mathbf{R}^{m \times n}$ et $P \in \mathbf{R}^{n \times n}$ sont des matrices conçues de telle sorte que r converge asymptotiquement vers 0 en absence de défaut et en présence de perturbation. P_1 est une matrice symétrique définie positive, $G_{\hat{x}}$ est une matrice définie positive

3.4.2 Preuve

Soit l'erreur d'estimation e_x (2.7) et $r = e_y = Ce_x$ tel que $e_y = y - \hat{y}$. Pour construire le résidu, on suit la procédure suivante :

$$e_y = y - \hat{y} = Cx - Cz - CHy = -Cz + C(I - HC)x \tag{3.44}$$

Puisque, an sait que : $P = I - HC$ et que l'erreur d'estimation e_y s'écrit aussi :

$$e_y = Ce_x = Nz + LCx \tag{3.45}$$

A partir des équations (3.44) et (3.45), l'erreur d'estimation $e_y = Ce_x$ si et seulement si :

$$N = -C \text{ et } LC = CP \tag{3.46}$$

La dynamique de l'erreur s'écrit sous la forme suivante :

$$\dot{e} = (PD_x(f_{\hat{x}}) - K_{1\hat{x}}C)e + PDf_1 \tag{3.47}$$

Pour la détermination des autres matrices, on suit la procédure décrite dans la section (2.2) du chapitre 2.

3.4.3 Exemple d'application

On considère le système dynamique non linéaire suivant :

$$\begin{cases} \dot{x} = f_x + Bu + Ed + Df_1 \\ y = Cx \end{cases}$$

avec : $f_x = \begin{pmatrix} x_2 \\ -sin(x_1) - 0.4x_2x_3 \\ \frac{1}{1+x_2^2} - x_3 \end{pmatrix}$, $B = \begin{pmatrix} 0 \\ 0.4 \\ 0 \end{pmatrix}$, $E = \begin{pmatrix} -1 \\ 0 \\ 0 \end{pmatrix}$, $C = \begin{pmatrix} 1 & 0 & 1 \\ 0 & 1 & 1 \end{pmatrix}$, $D = \begin{pmatrix} 0 \\ 0.2 \\ 1 \end{pmatrix}$ et $u \in [\ -1 \quad 1\ ]$:

$d = 0$	*pour* $t = [\ 0 \quad 150s\ ]$ *et* $t = [\ 200s \quad 300s\ ]$
$d = 1$	*pour* $t = [\ 150s \quad 200s\ ]$

et

$f_1 = 0$	*pour* $t = [\ 0 \quad 50s\ ]$ *et* $t = [\ 100s \quad 300s\ ]$
$f_1 = 1$	*pour* $t = [\ 50s \quad 100s\ ]$

On choisit une matrice de projection P telle que $PE = 0$, on prend P égale à :

$$P = \begin{pmatrix} 0 & 2 & 5 \\ 0 & 2 & 1 \\ 0 & 1 & 2 \end{pmatrix}$$

On choisit la matrice P_1 satisfaisant la condition (2.20), telle que :

$$P_1 = \begin{pmatrix} 1 & 0 & 0 \\ 0 & 8 & 0 \\ 0 & 0 & 0.1 \end{pmatrix}$$

La matrice Q satisfaisant $(C^T Q C - I)$ semi-definie positive est :

$$Q = \begin{pmatrix} 10 & 0 \\ 0 & 10 \end{pmatrix}$$

Résultats de la simulation La simulation de la figure (3.2) représente la sortie du système durant l'intervalle du temps t= [0   300s], avec une commande $u = 1$. Nous avons introduit un défaut et une perturbation entre les instants $t_1 = 50s$ et $t_2 = 100_s$, et $t_1 = 150s$ et $t_2 = 200s$ respectivement. Nous avons ajouté un bruit gaussien de variance égale à 0.001 et de valeur moyenne nulle.

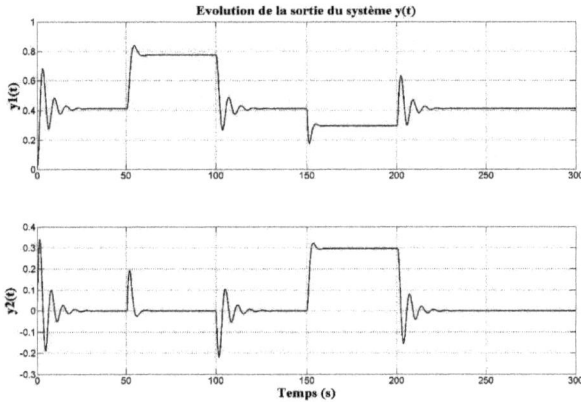

Fig. 3.2 Evolution de la sortie du système

La figure (3.3) montre que le résidu r est sensible aux défauts et robuste aux perturbations.

36

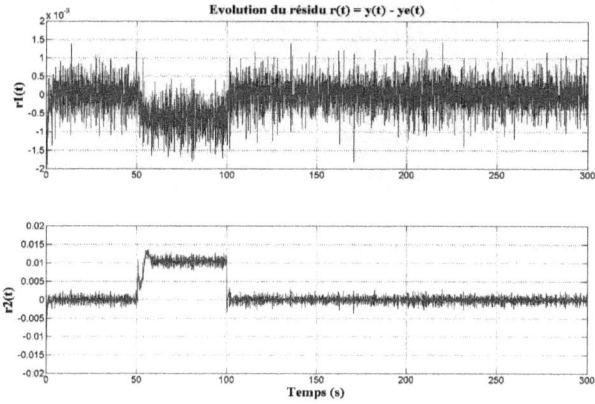

Fig. 3.3 Evolution du résidu

3.5   Conclusion

Ce chapitre a proposé un nouvel observateur non linéaire à entrées inconnues pour le diagnostic des systèmes industriels. Une extension de l'observateur de Luenberger et des conditions d'existences pour la synthèse de l'observateur ont été proposés. Cet observateur est principalement utilisé pour la détection du défaut.

Chapitre 4

Surveillance des contraintes inégalités

4.1 Introduction

Le diagnostic des pannes joue un rôle primordial dans la supervision des processus industriels. Ceci a conduit à l'élaboration de plusieurs approches de surveillance basées sur un modèle : l'espace de parité, les observateurs, l'identification [28], [33].

Ces méthodes sont généralement basées sur des modèles à base des équations d'état. Celles-ci représentent un ensemble de contraintes égalités pour le système. Cependant, dans de nombreuses applications, on est obligé de travailler dans un domaine qui décrit l'ensemble des valeurs que l'état du système est autorisé à prendre en fonctionnement normal. Nous associons alors des contraintes inégalités au système qui fixent un seuil à ne pas dépasser afin d'assurer le bon fonctionnement du procédé. Ce type de systèmes a reçu peu d'attention par le comité automaticien et on trouve uniquement les travaux développés par [31] et [32] en utilisant la méthode de projection de l'approche parité. Dans ce chapitre, nous étendons les travaux utilisant l'approche d'espace de parité et nous proposons une approche originale basée sur les observateurs à entrées inconnues. Ces contraintes peuvent se présenter de façon relativement complexe, par exemple : domaine de fonctionnement normal, domaine à l'intérieur duquel certaines incursions sont tolérées, domaine strictement interdit (pour des raisons liées à la sécurité ou aux contraintes physiques des composants).

Ce chapitre est organisé comme suit : la deuxième section décrit brièvement le principe de l'approche d'espace de parité, puis nous allons l'appliquer à générer les résidus pour les systèmes soumis à des contraintes inégalités. Nous proposerons une autre méthode appelée la substitution. Ensuite, nous proposons une approche basée sur la théorie des observateurs ; un observateur à contraintes à entrées inconnues est conçu pour estimer le résidu " indicateur de défaut" des contraintes inégalités. Ensuite, un observateur à contraintes d'ordre réduit sera élaboré dont l'objectif est l'estimation des contraintes non mesurables dans le système. Une mise en œuvre pratique sur le procédé réel, valide la consistance des approches proposées. Enfin, nous proposons une extension du résidu contraintes inégalités par les observateurs non linéaires d'ordre plein.

4.2 Préliminaires

L'approche parité est l'une des techniques la plus utilisée dans le domaine de diagnostic [31], [32] et [33]. On considère le système dynamique décrit par :

$$\dot{x} = Ax + Bu + F_1 d$$
$$y = Cx + Du + F_2 d \tag{4.1}$$

Avec $x \in \mathbf{R}^n$, $u \in \mathbf{R}^k$, $d \in \mathbf{R}^p$ et $y \in \mathbf{R}^m$ sont respectivement les vecteurs d'état, d'entrées, des défauts et des sorties du système. A, B, C, D, F_1 et F_2 sont des matrices constantes de dimension appropriées. Le but de l'approche espace de parité est de fournir un résidu qui nous informe sur l'état du système à surveiller. Nous avons donc réécrit l'éq. (4.1) sous la forme suivante en dérivant la sortie $y(t)$ jusqu'à l'ordre s :

$$Y(t, s) - G_s U(t, s) = H_s x(t) + F_s D_1(t, s) \tag{4.2}$$

Avec :

$$Y(t,s) = \begin{pmatrix} y \\ \dot{y} \\ \vdots \\ y^{(s)} \end{pmatrix}, F_s = \begin{pmatrix} F_2 & 0 & 0 & \cdots & 0 \\ CF_1 & F_2 & 0 & \cdots & 0 \\ CACF_1 & CCF_1 & F_2 & \cdots & \vdots \\ \vdots & \vdots & \ddots & \ddots & 0 \\ CA^{s-1}CF_1 & \cdots & CACF_1 & CCF_1 & F_2 \end{pmatrix}$$

$$U(t,s) = \begin{pmatrix} u \\ \dot{u} \\ \vdots \\ u^{(s)} \end{pmatrix}, U(t,s) = \begin{pmatrix} d \\ \dot{d} \\ \vdots \\ d^{(s)} \end{pmatrix}, H_s = \begin{pmatrix} C \\ CA \\ \vdots \\ CA^{(s)} \end{pmatrix},$$

$$\text{et } G_s = \begin{pmatrix} D & 0 & 0 & \cdots & 0 \\ CB & D & 0 & \cdots & 0 \\ CAB & CB & D & \cdots & \vdots \\ \vdots & \vdots & \ddots & \ddots & 0 \\ CA^{s-1}B & \cdots & CAB & CB & D \end{pmatrix}$$

Le résidu est obtenu en éliminant la variable inconnue $x(t)$ (vecteur d'état) à l'aide d'une matrice de projection W définie comme suit [33] :

$$W H_s = 0 \tag{4.3}$$

On obtient le résidu $r(t)$ sous la forme de calcul (4.4) et d'évaluation (4.5) :

$$r(t) = W(Y(t, s) - G_s U(t, s)) \tag{4.4}$$
$$r(t) = W F_s D_1(t, s) \tag{4.5}$$

Par conséquent, le résidu est différent de zéro en présence d'un défaut interne et reste égal à zéro en fonctionnement normal.

4.3 Extension aux systèmes dynamiques avec des contraintes inégalités : cas linéaire

Dans la pratique, certaines applications nécessitent une procédure spécifique qui décrit l'ensemble des valeurs que l'état du système est autorisé à prendre lors d'un fonctionnement normal. D'où, nous devons tenir compte de ces contraintes dans la formulation du problème de la surveillance afin d'assurer le bon fonctionnement du système dynamique. Cependant, peu de travaux se sont intéressés à ce problème et ils n'ont pas été largement étudiés dans la littérature [31] et [32]. Ces contraintes sont écrites sous forme inégalités définies comme suit :

$$Hx(t) \leq h \tag{4.6}$$

h : Vecteur constant de dimension s.

H : Matrice de dimension $(s \times n)$.

$x(t)$: Vecteur d'état de dimension n.

Pour simplifier l'étude des systèmes soumis à des contraintes inégalités, on réécrit (4.6) sous la forme égalité afin d'obtenir :

$$V(t) = -Hx(t) + h \tag{4.7}$$

$V(t) \in \mathbf{R}^s$: Ce vecteur est un indicateur de validité de la contrainte inégalité et donc un résidu qui peut être généré pour détecter les défauts qui violent la contrainte (4.7).

Si $V(t) \geq 0$ alors le système est en fonctionnement normal.

Si $V(t) < 0$ alors le système est défaillant.

4.3.1 Approche de parité

La contrainte (4.7) est ajoutée à l'équation (4.2) pour former le système d'équation (4.8) :

$$Y(t,s) - G_s U(t,s) = H_s x(t) + F_s D_1(t,s) \tag{4.8a}$$

$$V(t) = -Hx(t) + h \tag{4.8b}$$

L'approche de parité décrite dans la deuxième section est appliquée au système d'éq.(4.8). Afin d'exprimer $V(t)$ en fonction des variables connues du système, toutes les variables inconnues ($x(t)$ et $D_1(t,s)$) sont éliminées du système. On définit W la matrice de projection telle qu'on a :

$$W \begin{pmatrix} Hs & Fs \\ -H & 0 \end{pmatrix} = 0, \text{ avec } W = [\ W_1 \quad W_2\ ]$$

Donc le résidu des contraintes inégalités est obtenu sous la forme suivante :

$$V(t) = W_2^{-1}(-W_1 Y(t,s) + W_1 G_s U(t,s) + W_2 h) \tag{4.9}$$

Le vecteur $V(t)$ est alors exprimé uniquement en fonction des variables connues du système (mesures). On peut procéder autrement pour le calcul de $V(t)$. On élimine en premier lieu le vecteur $D_1(t,s)$ à partir de l'éq.(4.8.a). Ceci permet d'écrire le vecteur d'état $x(t)$ en fonction des variables connues ($u(t)$ et $y(t)$). Ensuite, on le substitue dans l'éq. (4.8.b) pour obtenir $V(t)$.

4.3.2 Approche de l'observateur à entrées inconnues d'ordre plein

Dans la littérature, de nombreux résultats sont bien connus pour la conception d'observateur d'état utilisé dans la commande ou le diagnostic des défauts [18], [19] et [20]. Nous proposons ici, un observateur capable de surveiller les contraintes inégalités en présence d'entrées inconnues dans le système [41]et [43]. Considérons le système dynamique suivant :

$$\dot{x} = Ax + Bu + Fd$$
$$y = Cx \tag{4.10}$$
$$V = -Hx + h$$

Les différentes variables et matrices des éq. (4.10) sont celles définies dans les éq.(4.1) et (4.7). Il est supposé que la matrice F est de rang plein colonne et que la paire (A, C) est observable.

Observateur à contraintes

Dans cette section, on surveille les contraintes inégalités V ajoutées au système dynamique en se basant sur l'estimation des variables inconnues du système ; x. On propose une nouvelle forme d'observateur à entrées inconnues qu'on nommera "observateur à contraintes" déduit à partir des observateurs fonctionnels [20]. Pour déterminer $\hat{V}$, on peut estimer $\hat{x}$:

$$\hat{V} = -H\hat{x} + h \tag{4.11}$$

Avec :

$\hat{V}$: estimé de V.

$\hat{x}$: estimé de x.

Si $\hat{V} < 0$ alors il y a une anomalie dans le système.

Si $\hat{V} \geq 0$ alors le système fonctionne normalement.

D'après l'eq. (4.11), nous devons estimer l'état entier pour obtenir $\hat{V}$. Ceci n'est pas toujours nécessaire, car parfois il y a des contraintes qui n'utilisent pas toutes les composantes du vecteur d'état x. Nous proposons alors, un observateur qui estime directement les contraintes. Il est écrit sous la forme suivante :

$$\dot{z} = Nz + Ly + Gu$$
$$\hat{V}_1 = z + Ey \tag{4.12}$$

On suppose que : $\hat{V}_1 = \hat{V} - h$

Avec :

z : le vecteur d'état de l'observateur. N, L, G et E sont les matrices à déterminer.

Pour assurer la bonne estimation du vecteur $\hat{V}_1$, il faut qu'il converge asymptotiquement vers $\hat{V}_1$. Ce qui implique la convergence asymptotique de l'erreur d'estimation vers zéro.

$$e = \hat{V}_1 - V_1 \tag{4.13}$$

Cette condition est satisfaite si la dynamique de l'erreur e est de la forme $\dot{e} = Ne$ avec N est stable. Nous avons alors :

$\dot{e} = \dot{\hat{V}}_1 - \dot{V}_1 = H\dot{x} + \dot{z} + E\dot{y}$
$= (H + EC)\dot{x} + \dot{z}$
$= (H + EC)(Ax + Bu + Fd) + Nz + Gu + LCx$

42

On pose :

$$P = H + EC \tag{4.14}$$

Donc, la dynamique de l'erreur d'estimation devient :

$$\dot{e} = (PA + LC)x + (PB + G)u + PFd + Nz \tag{4.15}$$

On sait que :

$$\dot{e} = Ne = NPx + Nz \tag{4.16}$$

Par analogie entre (4.15) et (4.16), nous obtenons les conditions suivantes :

$$N = PA - LC \tag{4.17a}$$
$$L = -K + N(PC^+ - C^+) \tag{4.17b}$$
$$PB + G = 0 \tag{4.17c}$$
$$PF = 0 \tag{4.17d}$$
$$N \ est \ stable \tag{4.17e}$$

Les conditions nécessaires et suffisantes pour l'existence de cet observateur sont :

$$rang[CF] = rang[F] \tag{4.18a}$$
$$\text{La paire(PA,C) est observable} \tag{4.18b}$$

Donc la synthèse de l'observateur sera possible, si les conditions (4.17) et (4.18) sont remplies.

4.3.3   Observateur à contraintes d'ordre réduit

Nous proposons un observateur de contrainte qui prend en considération qu'une partie de l'état est mesurable(sortie du système). Un observateur d'ordre réduit [19] peut être construit. On suppose que la matrice C est de la forme $C = [\ I_m \quad 0\ ]$. C est partitionnée en une matrice identité $m \times m$ et une matrice nulle $m \times (n - m)$. L'observateur à contrainte proposé est d'ordre réduit s, avec $s \leq n - m$.

Cet observateur [20] nécessite la décomposition des matrices suivantes H, P, A et F comme suit :

$$H = (\ H_1 \quad H_2\ ), P = (\ P_1 \quad P_2\ ), F = \begin{pmatrix} F_1 \\ F_2 \end{pmatrix} \text{ et } A = \begin{pmatrix} A_{11} & A_{12} \\ A_{21} & A_{22} \end{pmatrix}$$

Avec :$H_1 \in \mathbf{R}^{s \times m}$,$H_2 \in \mathbf{R}^{s \times (n-m)}$, $P_1 \in \mathbf{R}^{s \times m}$, $P_2 \in \mathbf{R}^{s \times (n-m)}$, $F_1 \in \mathbf{R}^{m \times p}$, $F_2 \in \mathbf{R}^{(n-m) \times p}$, $A_{11} \in \mathbf{R}^{m \times m}$, $A_{12} \in \mathbf{R}^{m \times (n-m)}$, $A_{21} \in \mathbf{R}^{(n-m) \times m}$ et $A_{22} \in \mathbf{R}^{(n-m) \times (n-m)}$.

On substitue les matrices ci dessus dans les équations (4.17), on obtient :

$$L + P_1 A_{11} + P_2 A_{21} = N P_1 \tag{4.19a}$$

$$N P_2 = P_1 A_{12} + P_2 A_{22} \tag{4.19b}$$

$$P B = -G \tag{4.19c}$$

$$P_1 F_1 + P_2 F_2 = 0 \tag{4.19d}$$

$$H_2 = P_2 \tag{4.19e}$$

$$H_1 + E = P_1 \tag{4.19f}$$

Pour construire l'observateur (4.12), on exige des conditions nécessaires et suffisantes données par les propositions suivantes [20] :

$$rang \begin{pmatrix} -H_2 F_2 \\ F_1 \end{pmatrix} = rang(F_1) \tag{4.20a}$$

$$\text{La paire}(K_1,\ K_2) \text{ est observable} \tag{4.20b}$$

Preuve

Détermination de N et P : À partir de (4.19.e) et en utilisant (4.19.d), nous obtenons :

$$P_1 F_1 = -H_2 F_2 \Longrightarrow P_1 \text{ existe ssi } rang \begin{pmatrix} -H_2 F_2 \\ F_1 \end{pmatrix} = rang(F_1)$$

Maintenant, on peut écrire P_1 sous la forme suivante :

$$P_1 = -H_2 F_2 F_1^+ + Z(I_m - F_1 F_1^+) \tag{4.21}$$

Avec Z est une matrice arbitraire de dimension appropriée et F_1^+ est l'inverse généralisé de F_1 $((F_1^+ F_1)^{-1} F_1^+)$.

À partir de (4.19.b), on obtient :

$$N = P_1 A_{12} H_2^+ + H_2 A_{22} H_2^+ \tag{4.22}$$

Substituant (4.21) dans (4.22) on obtient :

$$N = K_1 - Z K_2 \tag{4.23}$$

Avec :

$K_1 = H_2(-F_2 F_1^+ A_{12} + A_{22})H_2^+$ et $K_2 = (F_1 F_1^+ - I_m)A_{12} H_2^+$.

La matrice Z est choisie de façon à avoir N stable, cette condition est satisfaite si la paire (K_1, K_2) est observable.

4.3.4 Mise en œuvre sur un procédé réel

On considère le procédé hydraulique situé dans notre laboratoire ACS (fig. 4.1). Il est composé de quatre réservoirs R_1, R_2, R_3 et R_s qui sont interconnectés entre eux par des conduites cylindriques de section S_p. Une pompe P de type (nova 180) fournit de l'eau à partir du réservoir R_s vers les deux réservoirs R_1 et R_3 (de section identique S_1) par l'intermédiaire de deux électrovannes V_1 et V_2. Les niveaux d'eau dans les réservoirs R_1, R_2 et R_3 sont mesurés à l'aide de trois capteurs de type (Vega 61).

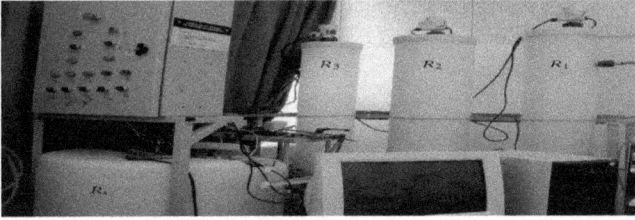

Fig. 4.1 Procédé hydraulique.

Pour cette application, seuls les réservoirs R_1, R_2 et R_s sont utilisés. Le réservoir R_s alimente le réservoir R_1 avec un débit $q_u(t)$. Le dernier distribue l'eau vers R_s avec un débit $q_1(t)$ et vers R_2 avec un débit $q_{12}(t)$.

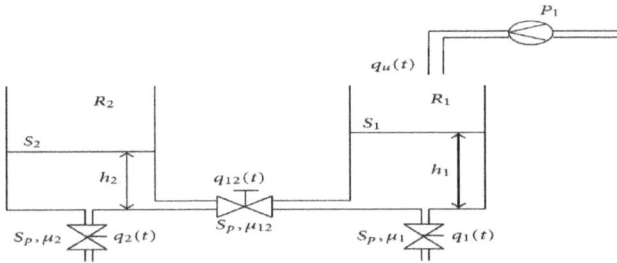

Fig. 4.2 Un schéma simplifié du procédé hydraulique.

L'évolution du niveau d'eau h_i est décrite par les équations (4.24) :

$$\begin{cases} S_1 \dfrac{dh_1}{dt} = q_u - q_{12} - q_1 \\ S_2 \dfrac{dh_2}{dt} = q_{12} - q_2 \\ y_1 = h_1 \\ y_2 = h_2 \end{cases} \qquad (4.24)$$

Avec :

∗ $q_u = u(t)$: Le débit de la pompe.

∗ $q_i = \mu_i S_p \sqrt{2gh_i}(1-d)$: Le débit d'eau évacue par le réservoir R_i, avec $i = 1, 2$.

∗ $q_{12} = \mu_{12} S_p sign(h_1 - h_2)\sqrt{2g|h_1 - h_2|}$: le débit d'eau fourni par le réservoir R_1 vers R_2.

Pour tenir compte de l'incertitude de la modélisation, nous avons introduit des coefficients de corrections notés μ_i ($i = 1, 2$) et μ_{12} qui sont considérées constants.

∗ y_i : le niveau d'eau dans le réservoir R_i avec $i = 1, 2$.

∗ d : le vecteur défaut "vanne bloquée", $d = 1$ en absence de défaut $d = 0$.

45

S_1	Section du réservoir R_2	$7,1910^{-2}m^2$
S_2	Section du réservoir R_1	$4,94.10^{-2}m^2$
S_p	Section des vannes reliant les réservoirs R_i $(i=1,2)$ et R_s	$8,89.10^{-5}m^2$
μ_1	Coefficient de correction	0.2329
μ_2	Coefficient de correction	0.0599
μ_{12}	Coefficient de correction	0.0895

Table 1. Paramètres du procédé.

Le système d'équation (4.24) est linéarisé autour de son point de fonctionnement et discrétisé avec une période d'échantillonnage T = 1s. Les niveaux de liquide dans les réservoirs ne doivent pas dépasser les seuils $0.23m$ pour le réservoir R_1 et $0.17m$ pour le réservoir R_2. D'où les contraintes imposées sont :

$$h_1 < 0.23m$$

et

$$h_2 < 0.17m.$$

Le système d'équation (4.24) se réécrit donc :

$$
\begin{cases}
h(k+1) = \begin{pmatrix} 0.9929 & 0.0025 \\ 0.002 & 0.9971 \end{pmatrix} h(k) + \begin{pmatrix} 20.2429 \\ 0 \end{pmatrix} u(k) + \begin{pmatrix} 0.8239 \\ 0 \end{pmatrix} 10^{-3} d(k) \\
y(k) = \begin{pmatrix} 1 & 0 \\ 0 & 0 \end{pmatrix} h(k) \\
V(k) = \begin{pmatrix} -1 & 0 \\ 0 & -1 \end{pmatrix} h(k) + \begin{pmatrix} 0.23 \\ 0.17 \end{pmatrix}
\end{cases}
$$

On considère l'intervalle d'observation [k, k+2], l'expression du résidu des contraintes inégalités $V(k)$ s'écrit :

$$
V(k) = - \begin{pmatrix} 1 & -0.013 & 0 & 0.0007 & 0 & 0.0007 \\ -0.0013 & 0.3353 & -0.0007 & 0.3343 & 0 & 0.3333 \end{pmatrix} Y(k,2) +
$$
$$
\begin{pmatrix} -0.0007 & -0.0003 & 0 \\ -0.5204 & -0.1486 & 0 \end{pmatrix} 10^{-17} U(k,2) + \begin{pmatrix} 0.23 \\ 0.17 \end{pmatrix}
$$

En appliquant l'équation (4.4), on obtient l'expression du résidu $r(k)$ suivant :

$$
r(k) = \begin{pmatrix}
0.6619 & 0.0016 & -0.3357 & 0.001 & -0.3333 & 0.0003 \\
0.0016 & 0.6647 & 0.0007 & -0.3343 & -0.0003 & -0.3333 \\
-0.3357 & 0.0007 & 0.6667 & 0 & -0.331 & -0.0007 \\
0.001 & -0.3343 & 0 & 0.667 & -0.001 & -0.3324 \\
-0.3333 & -0.0003 & -0.331 & -0.001 & 0.6714 & -0.0016 \\
0.0003 & -0.3333 & -0.0007 & -0.3324 & -0.0016 & 0.6686
\end{pmatrix} Y(k,2) -
$$
$$
\begin{pmatrix}
-13.4946 & -6.7471 & 0 \\
-0.0064 & -0.0063 & 0 \\
6.8437 & -6.6994 & 0 \\
-0.0331 & -0.0197 & 0 \\
6.7952 & 13.5908 & 0 \\
-0.0195 & -0.0329 & 0
\end{pmatrix} U(k,2)
$$

Afin d'appliquer l'approche d'observateur à entrées inconnues, on élimine la mesure du capteur du réservoir R_2. Le vecteur de sortie est représenté sous la forme suivante :

$$y(k) = \begin{pmatrix} 1 & 0 \end{pmatrix} x(k)$$

Notre observateur à contraintes inégalités s'écrit :

$$\begin{cases} z(k+1) = \begin{pmatrix} -0.3 & 0 \\ 0 & 0.9971 \end{pmatrix} z(k) + \begin{pmatrix} 0 & 0 \\ -0.002 & 0 \end{pmatrix} y(k) \\ \hat{V}_1(k) = z(k) - y(k) \end{cases}$$

Vérification des conditions d'existence de l'observateur :

$$rang \left(\begin{array}{c} C_1 F \end{array} \right) = rang \left(\begin{array}{c} F \end{array} \right) = 1$$

La paire $((PA), C_1)$ est observable donc elle est détectable. Les conditions d'existence de l'observateur sont vérifiées.

En tenant compte des variables d'état accessibles à la mesure dans le système à surveiller (niveau h_1), on construit un observateur d'ordre réduit qui estime uniquement la 2me composante du vecteur $V_1(K)$, la contrainte non mesurable dans le système. Pour construire cet observateur, on décompose les matrices A, F et H sous la forme suivante :

$$H = \left(\begin{array}{cc} H_1 & H_2 \end{array} \right) = \left(\begin{array}{cc} 0 & -1 \end{array} \right), F = \left(\begin{array}{c} F_1 \\ F_2 \end{array} \right) = \left(\begin{array}{c} 0.436 \times 10^{-3} \\ 0 \end{array} \right),$$

$$A = \left(\begin{array}{cc} A_{11} & A_{12} \\ A_{21} & A_{22} \end{array} \right) = \left(\begin{array}{cc} 0.9929 & 0.0025 \\ 0.002 & 0.9971 \end{array} \right)$$

En appliquant les éq.(4.19), on déduit les matrices de l'observateur à contraintes d'ordre réduit :

$$P = \left(\begin{array}{cc} 0 & 1 \end{array} \right), N = 0.9971, L = -0.002, E = 0, G = 0.$$

L'observateur d'ordre réduit s'écrit :

$$\begin{cases} z(k+1) = 0.9971z(k) - 0.002y(k) \\ \hat{V}_1(k) = z(k) \end{cases}$$

Vérification des conditions d'existences :

$$rang \left(\begin{array}{c} H_2 F_2 \\ F_1 \end{array} \right) = rang \left(\begin{array}{c} F_1 \end{array} \right) = 1.$$

La paire (K_1, K_2) est observable donc elle est détectable. Donc notre observateur existe.

Résultats expérimentaux :

Nous avons implémenté les algorithmes de surveillance des contraintes inégalités sur le procédé réel du laboratoire ACS. Dans la suite, on présentera les résultats obtenus.

1er cas : Défaut interne

Pour un débit de pompe $q_u(k) = 4.9410^{-5}m^3.s^{-1}$, le niveau d'eau se stabilise dans le réservoir R_1 à la hauteur $h_1 = 0.197m$ et $h_2 = 0.136m$ pour R_2 (fig. 4.3). On bloque la vanne reliant R_1 et R_s entre les instants $k = 1530s$ et $k = 2761s$. Les niveaux d'eau h_1 et h_2 dans les deux réservoirs R_1 et R_2 se diffèrent de leurs valeurs nominales, ceci permet de détecter un disfonctionnement du procédé. Après élimination du défaut de blocage de la vanne, le système reprend son fonctionnement normal.

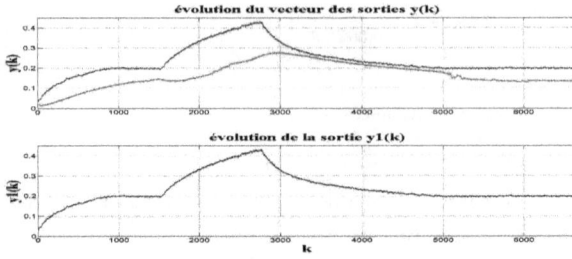

Fig. 4.3 Niveau d'eau h_1 et h_2 dans R_1 et R_2.

$y(k)$: vecteur de sortie qui représente les niveaux d'eau h_1 et h_2 mesurés par les capteurs du procédé.

La figure (4.4) suivante montre que les valeurs moyennes des résidus $r_1(k)$ et $r_5(k)$ sont différentes de zéro entre les instants $1530s$ et $2761s$ indiquant la présence de défaut. En effet, on remarque que les résidus sont bruités, un test statistique sur $r_i(t)$ doit être mené pour une détection efficace des défauts.

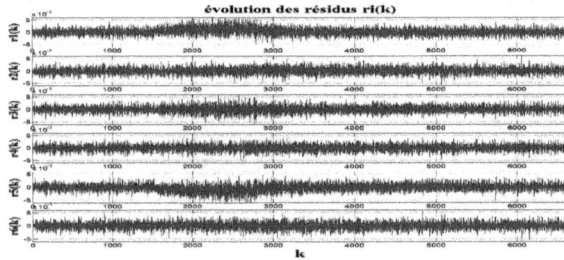

Fig. 4.4 Evolution du résidu $r_i(k)$

On remarque que les résidus des contraintes inégalités générés par les approches de parité et d'observateur (fig4.5) deviennent négatifs dans l'intervalle de temps [1530s, 2761s]. D'où la violation des contraintes inégalités indiquant la présence d'un défaut.

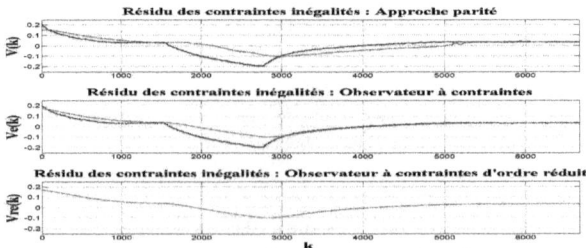

Fig. 4.5 Evolution des résidus contraintes inégalités

2me cas :Défaut externe

En fonctionnement normal, le débit de la pompe est égal à $q_u(k) = 4.9410^{-5}m^3.s^{-1}$. Nous avons provoqué un

48

défaut correspondant à une augmentation du débit (défaut actionneur) entre les instants $k = 1705s$ et $k = 2382s$. La nouvelle valeur est $q_{u_1}(k) = 1.027.10^{-4}m^3.s^{-1}$. Ceci augmente le niveau d'eau dans les réservoirs R_1 et R_2 (fig.4.4).

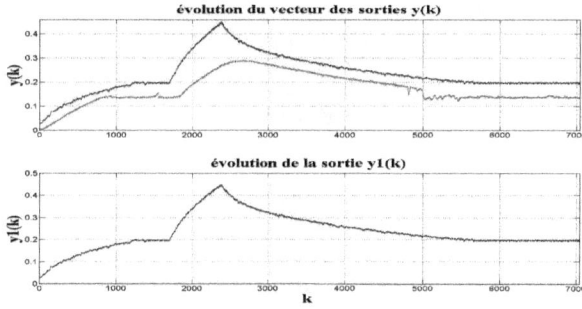

Fig. 4.6 Niveau d'eau h_1 et h_2 dans R_1 et R_2.

D'après la figure 4.7, la valeur moyenne des $r_i(k)$ reste égale à zéro. Les résidus $r_i(k)$ générés par les contraintes égalités n'ont pas réagit à ce genre du défaut.

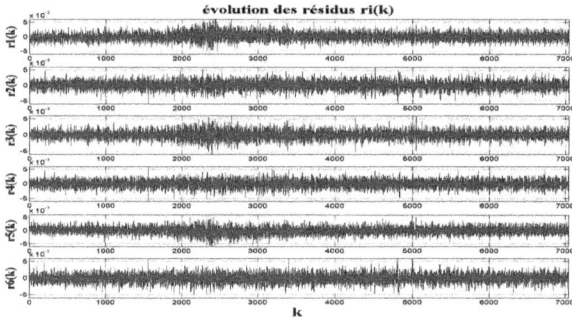

Fig. 4.7 Evolution des résidus $r_i(k)$

Par contre, les résidus de contraintes inégalités $V(k)$ (figure 4.8) deviennent négatifs (en fonctionnement normal $V(k) \geq 0$). Ceci implique la violation des contraintes inégalités. Par conséquent, le défaut est détecté.

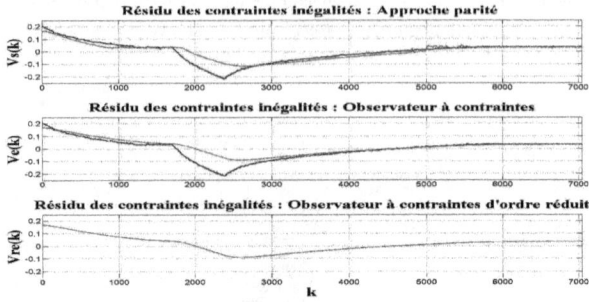

Fig. 4.8 Evolution des résidus inégalités

4.4 Proposition d'un observateur non linéaire à contraintes

La plupart de travaux estime le vecteur d'état robuste à la perturbation. Supposons maintenant, que des influences extérieures (faute de l'opérateur, augmentation de la commande) affectent le système dynamique en le conduisant vers un état critique. Dans ce cas, il faut surveiller le comportement de l'état. La solution de cette problématique est donnée par un observateur à entrées inconnues soumis à des contraintes inégalités. Cette technique a été proposée pour la première fois par [31] dans le cadre linéaire en utilisant l'approche espace de parité. Dans notre cas, on considère le système dynamique non linéaire décrit par l'équation d'état augmentée d'une contrainte inégalité d'état :

$$\begin{cases} \dot{x} = f(x) + Bu + Ed \\ y = Cx \\ V = -Mx + h \end{cases} \tag{4.25}$$

Avec $x \in \mathbf{R}^n$ décrit l'état du système, $u \in \mathbf{R}^k$ l'entrée du système, $d \in \mathbf{R}^p$ l'entrée inconnue, $V \in \mathbf{R}^s$ représente le résidu des contraintes inégalités et $y \in \mathbf{R}^m$ la sortie du système. $B \in \mathbf{R}^{n \times k}$, $M \in \mathbf{R}^{s \times n}$, $E \in \mathbf{R}^{n \times p}$ et $C \in \mathbf{R}^{m \times n}$ sont des matrices constantes de dimension appropriée. $h \in \mathbf{R}^s$ est une constante représentant le seuil des contraintes inégalités. $f(.)$ est supposé être continûment dérivable.

Nous supposons que $rang(C) = m$ et $rang(E) = p$.

4.4.1 Théorème

Nous proposons un observateur local du résidu des contraintes inégalités V qui peut être obtenu par :

$$\hat{V} = Nz + Ly + J \tag{4.26}$$

Avec $\hat{V}$ représente la sortie de l'observateur et z est donnée par :

$$\dot{z} = F_{\hat{x}}z + K_{\hat{x}}y + Tu + P(f_{\hat{x}} - D_x(f_{\hat{x}})\hat{x}) \tag{4.27}$$

50

$\hat{x}$ est définie par $z + Hy$ et le différentes matrices de l'observateur sont obtenues par :

$$F_{\hat{x}} = PD_x(f_{\hat{x}}) - K_{1\hat{x}}C \tag{4.28a}$$

$$K_{\hat{x}} = K_{1\hat{x}} + F_{\hat{x}}H \tag{4.28b}$$

$$PE = 0 \tag{4.28c}$$

$$T + PB = 0 \tag{4.28d}$$

$$L = -MH \tag{4.28e}$$

$$N = -M \tag{4.28f}$$

$$J = h \tag{4.28g}$$

Les conditions nécessaires et suffisantes pour l'existence de l'observateur :

$$rang[CE] = rang[E] = p \tag{4.29a}$$

$$PD_x(f_{\hat{x}}) - P_1^{-1}G_{\hat{x}}C^TQC < 0 \tag{4.29b}$$

Avec $z \in \mathbf{R}^n$, $\hat{V} \in \mathbf{R}^s$ et $D_x(f_{\hat{x}})$ sont l'état, la sortie de l'observateur et la jacobienne de f par rapport à $\hat{x}$. $F_{\hat{x}} \in \mathbf{R}^{n \times n}$, $T \in \mathbf{R}^{n \times k}$, $K_{\hat{x}} \in \mathbf{R}^{n \times m}$, $H \in \mathbf{R}^{n \times m}$, $L \in \mathbf{R}^{s \times m}$, $N \in \mathbf{R}^{s \times n}$ et $P \in \mathbf{R}^{n \times n}$ sont des matrices conçues de telle sorte que $\hat{V}$ converge asymptotiquemet vers V. P_1 est une matrice symétrique définie positive. $G_{\hat{x}}$ est une matrice définie positive

4.4.2 Preuve

Soit l'erreur d'estimation e_x définie par e en (2.7) et $e_V = -Me_x$ telle que $e_V = V - \hat{V}$:

$$e_V = V - \hat{V} = -Mx + h - Nz - Ly - J \tag{4.30}$$

L'erreur d'estimation e_v s'écrit aussi :

$$e_V = -Me_x = -Mx + Mz + MHy \tag{4.31}$$

A partir (4.30) et (4.31), l'erreur d'estimation $e_V = -Me_x$ si seulement si :

$$N = -M, h = J \text{ et } L = -MH \tag{4.32}$$

Pour la détermination des autres matrices, on suit la procédure décrite dans la section (2.2).

4.4.3 Exemple d'application

Nous reprenons l'exemple du moteur à courant continu décrit dans (2.2.4). Les courants i_a du rotor et i_f du rotor représentent un grand intérêt pour le moteur. Il est utile de surveiller leurs évolutions au cours du fonctionnement du moteur. Dans ce cadre, on considère la contrainte inégalité $2x_1 + 10x_2 < 10$ où le nombre 10 du second membre de l'inégalité représente le seuil de saturation de la contrainte, le résidu contrainte inégalité prend la forme suivante :

$V(t) = -2x_1 - 10x_2 + 10$.

Résultats de la simulation

La simulation de la figure 4.9 représente l'évolution du résidu des contraintes inégalités durant l'intervalle du temps t= [0   40s]. Nous avons introduit un défaut entre les instants $t_1 = 10s$ et $t_2 = 20s$. On voit que le résidu $V(t)$ devient négatif indiquant la violation de la contrainte inégalité.

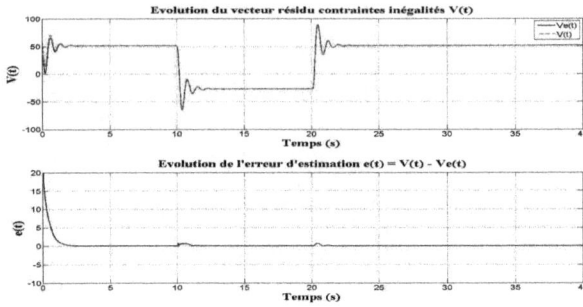

Fig.4.9 Evolution du résidu des contraintes inégalités $V(t)$ et de l'erreur d'estimation e_V

L'erreur d'estimation $e_V = V - \hat{V}$ converge rapidement vers zéro (fig.4.9).

4.5   Conclusion

Ce chapitre a proposé un nouvel observateur non linéaire à entrées inconnues pour le diagnostic des systèmes. Il surveille l'évolution d'une fonction d'état robuste à la perturbation, en fixant un seuil de saturation pour le fonctionnement normal du système. Des conditions d'existence pour la synthèse de l'observateur ont été proposées.

Nous avons également proposé un observateur linéaire à contraintes d'ordre réduit qui n'estime que les contraintes non mesurables du système. Nous avons montré dans ce chapitre l'apport des contraintes inégalités pour la détection des défauts externes non détectés par les résidus classiques générés par les contraintes égalités.

Conclusion Générale et Perspectives

Cette thèse s'intéresse à l'estimation d'état et à la surveillance des états robustes aux perturbations. L'objectif principal est la conception d'observateurs non linéaires à entrées inconnues pour l'étude de la commande et le diagnostic des systèmes dynamiques non linéaires.

La première partie a été consacrée à la synthèse de méthodes de l'estimation d'état et estimation de fonction d'état. Pratiquement, dans de nombreux systèmes réels, les variables d'état ne sont pas toutes mesurées. Afin de pouvoir effectuer une commande par retour d'état à un système, l'ensemble des variables de l'espace d'état devrait être disponible à tout moment. Ainsi, on est confronté avec le problème de l'estimation d'état. Ce problème a été résolu, en introduisant un autre système dynamique nommé observateur d'état ou estimateur d'état dont la tâche sera de fournir une estimation du vecteur d'état du système étudié en fonction des informations disponibles du système (les mesures de la commande et de sortie du procédé).

La deuxième partie abordée s'intéresse à l'étude du problème de détection de défauts. L'objectif de l'approche classique de FDI est de vérifier le fonctionnement normal du système dynamique. Cependant, de nombreuses applications font intervenir la notion de domaine opératoire. Généralement, on ne surveille pas l'évolution du système en présence de perturbation, dans certain cas qui peut présenter un danger pour le système. Les systèmes dynamiques sont classiquement modélisés par des équations d'état. Ces équations représentent un ensemble de contraintes de type "égalité". Les contraintes inégalités définissent, parmi toutes les trajectoires "théoriques" du système, un sous-ensemble de trajectoires admissibles du point de vue des contraintes opératoires. Ces contraintes peuvent se présenter de façon relativement complexe, par exemple : domaine de fonctionnement normal, domaine à l'intérieur duquel certaines incursions sont tolérées, domaine strictement interdit (pour des raisons liées à la sécurité ou aux contraintes physiques des composants). La surveillance des contraintes inégalités revêt une importance particulière lorsque l'on considère la possibilité de commandes tolérantes aux fautes : en présence de défaillances (contraintes égalité non satisfaites) une commande tolérante aux fautes peut être appliquée pour autant que les contraintes inégalités définissant le domaine de fonctionnement sûr restent vérifiées.

Au cours de cette thèse, nous avons proposé un nouvel observateur non linéaire à entrées inconnues. Une extension de l'observateur de Luenberger consacré à la commande est proposée dans le deuxième chapitre et une extension à la surveillance dans le troisième et le quatrième chapitre. Des conditions d'existences pour la synthèse de l'observateur ont été proposées. Cet observateur est caractérisé par la simplicité du développement mathématique utilisé pour sa conception, il peut être utilisé dans une large classe de systèmes non linéaires. Des exemples numériques ont été donnés pour illustrer l'intérêt et la simplicité des procédures de la nouvelle conception.

Les conclusions suivantes sont tirées sur la base des réalisations de cette thèse :

– La synthèse des observateurs non linéaire à entrées inconnues de Luenberger s'est effectuée en transformant le système non linéaire sous une forme canonique, dont laquelle la dynamique de l'état du système présente une partie linéaire de l'état et une autre non linéaire. Généralement, la partie non linéaire satisfait la condition de Lipschitz. Ce type de système non linéaire appartient à la classe lipschitzienne.

– La technique de transformation canonique existe pour une classe limitée de système non linéaire. En plus, dans certain cas le calcul de ces formes n'est pas évident. La conception des observateurs non linéaires à entrées inconnues de type Luenberger est beaucoup plus difficile que celle des systèmes linéaires puisque aucune méthode de conception systématique n'est disponible.

– Suite à ce problème, nous avons proposé un nouveau observateur non linéaire à entrées inconnues. Ce dernier présente une extension de l'observateur de Luenberger basée sur la linéarisation le long d'une trajectoire à l'aide de l'approximation du développement de Taylor au premier ordre. La synthèse de cet observateur est réalisée de façon systématique à partir du système non linéaire original. Donc, cet observateur donne la possibilité de travailler dans une plage plus large des systèmes non linéaires.

– Ce nouveau observateur à entrées inconnues est utilisé dans les domaines de la surveillance et de la commande. Au cours de cette thèse, nous avons présenté : l'estimateur d'état, l'estimateur de fonction d'état, le résidu sans présence de perturbation et avec perturbation et le résidu des contraintes inégalités.

En ce qui concerne la synthèse d'observateurs à entrées inconnues, nous comptons exploiter les résultats présentés pour les étendre :

– Aux systèmes non linéaires à retard.
– Aux systèmes non linéaires discrets.

Bibliographie

[1] H. Khalil, *Nonlinear Systems third edition*, Prentice Hall 2C 2002.

[2] A. Isidori, *Nonlinear Control Systems II*, Springer-verlag London 1999.

[3] R. Hermann et A.J. Krener, *Nonlinear Controllability and Observability*, IEEE transactions on automatic control, Vol.22, No.5, October 1977.

[4] L. Gruyitch, J.P. Richard, P. Borne et J.C. Gentina, *Stability Domains*, Chapman and Hall/CRC 2004.

[5] F.E. Thau, *Observing the state of nonlinear dynamic systems*, Int. J. Control, Vol.17, pp.471-480, 1973.

[6] S.R. Kou, D.L. Elliott et T.J. Tarn, *Exponential observers for nonlinear dynamic systems*, Information and Control, Vol.29, pp.204-216, 1975.

[7] A. Krener and A. Isidori, *Linearization by output injection and nonlinear observers.*, Systems and Control Letters, Vol.3, No.1, pp.47-52, 1983.

[8] H. Keller, *Nonlinear observer design by transformation into a generalized observer canonical form*, Journal of Control, Vol.46, No.6, pp.1915-1930, 1987.

[9] M. Arcak et P. Kokotovic , *Observer-based stabilization of systems with monotonic nonlinearities*, Asian Journal of Control, Vol.1, No.1, pp.42-48, Mars 1999.

[10] M. Arcak, *Redesigning a Class of Nonlinear Observers for Certainty-Equivalence Control*, Proceedings of the 44th IEEE Conference on Decision and Control, and the European Control Conference 2005 Seville, Spain, pp.12-15, December 2005.

[11] X. Fan et M. Arcak, *Observer design for systems with multivariable monotone nonlinearities*, Systems and Control Letters, Vol.50, pp.319-330, 2003.

[12] M. Arcak et P. Kokotovic, *Nonlinear observers : a circle criterion design and robustness analysis*, Automatica, Vol.37, pp.1923-1930, 2001.

[13] K. Adjallah, D. Maquin et J. Ragot, *Design of nonlinear observer*, The 3rd IEEE Conference on Control Applications, Glasgow August, pp.24-26, 1994.

[14] J. Wunnenberg, *Observer-Based Fault Detection in Dynamic Systems*, VDI-Fortschrittsbericht, VDI-Verlag, Reihe.8, No.222, Germany.

[15] D. Bestle et M Zeitz, *Canonical Form Observer Design for Nonlinear Time-Invariant Systems*, International Journal of Control, Vol.38, pp.419-431, 1983.

[16] W. Chen et M. Saif, *Unknown Input Observer Design for a Class of Nonlinear Systems : an LMI Approach*, Proceedings of the 2006 American Control Conference Minneapolis, Minnesota, USA, pp.14-16, June 2006.

[17] M.S. Chen et C.C. Chen, *Robust Nonlinear Observer for Lipschitz Nonlinear Systems Subject to Disturbances*, IEEE Transactions on Automatic Control, Vol.52, No.12, December 2007.

[18] D. Luenberger, *Observers for multivariable systems*, IEEE Transactions on Automatic Control, Vol.11, No.2, April 1966.

[19] D. Luenberger, *An Introduction to observers*, IEEE Transaction on Automatic Control, Vol.16, No.6, December 1971.

[20] H. Trinh, T. Fernando, and S. Nahavandi, *Design of reduced-order functional observers for linear systems with unknown inputs*, Asian Journal of Control, Vol.6, No.4, pp.514-520, December 2004.

[21] M. Darouach, *Linear functional observers for systems with delays in state variables the discrete time case*, IEEE Transactions on Automatic Control, Vol.50, No.2, February 2005.

[22] G. Huijun,W. Junli and S. Peng, *Robust sampled-data H_∞ control with stochastic sampling*, Automatica, Vol.45, pp.1729-1736, 2009.

[23] V. Garg et J.K. Hedrick, *Fault Detection Filters for a Class of Nonlinear Systems*, American Control Conference, Seattle, USA, pp.1647-1651, 1995.

[24] V. Krishnaswami et G. Rizzoni, *A Survey of Observer-Based Residual generation for FDI*, IFAC Safeprocess, Finland, pp.34-39, 1994.

[25] R. Seliger et P.M. Frank, *Fault Diagnosis by Disturbance Decoupled Nonlinear Observers*, the 30th Conference on Decision and Control, England, pp. 2248-2253, 1991.

[26] A.Ye Shumsky, *Failure Detection and Isolation in Nonlinear Systems Based on Robust Observer Approach*, Tooldiag, France, pp.524-530, 1993.

[27] D. Hengy et P.M. Frank, *Component Failure Detection Using Local Second-Order Observers*, IFAC Workshop, Kyoto, Japan, 1986.

[28] P.M. Frank, *Fault Diagnosis in Dynamic Systems Using Analytical and Knowledge-based Redundancy - A Survey and some new Results*, Systems and Control Letters, Vol.13, pp.135-142, 1989.

[29] K. Adjallah, D. Maquin et J. Ragot, *Nonlinear Observer Based Fault Detection*, The 3rd IEEE Conference on Control Applications, United Kingdom, pp.1115-1120, 1994.

[30] S. Narasimhan, P. Vachhani et R. Rengaswamy, *New nonlinear residual feedback observer for fault diagnosis in nonlinear systems*, Automatica, Vol.44, pp.2222-2229, 2008.

[31] M. Staroswiecki et D. Guerchouh, *A Parity Space Approach for Monitoring Inequality Constraints Part 1 : Static Case*, Proceedings of the 14th triennial world congress, Beijing, P.R.China IFAC 1999.

[32] M. Staroswiecki et D. Guerchouh, *A Parity Space Approach for Monitoring Inequality Constraints Part 2 : Dynamic Case*, Proceedings of the 14th triennial world congress, Beijing, P.R.China IFAC, 1999.

[33] E.Y. Chow et A.S. Willsky, *Analytical Redundancy and the Design of Robust Failure Detection Systems*, IEEE Transactions on Automatic Control, Vol.29, No.7, JULY 1984.

[34] M. Darouach, M. Zasadzinski, et S.J. Xu, *Full-Order Observers for Linear Systems with Unknown Inputs*, IEEE Transactions on Automatic Control, Vol.39, No.3, Mars 1994.

[35] D.R. Espinoza Trejo et D.U. Campos-Delgado, *Theoretical and Experimental Implementation of DC Motor Nonlinear controllers*, National Congress of Automatic Control (AMCA), Cuernavaca, Morelos, Mexico, pp.19-21, October 2005.

[36] J. Chiasson et M. Bodson, *Nonlinear Control of a Shunt DC Motor*, IEEE Transactions on Automatic Control, Vol.38, No.11, November 1993.

[37] E. Alcorta Garcla et P.M. Frank, *Deterministic nonlinear observer-based approaches to fault diagnosis A survey*, Control Engineering Practice, Vol.5, No.5, pp.663-670, 1997.

[38] R. B. Messaoud, N. Zanzouri and M. Ksouri, *Robust state observers for nonlinear systems*, International Review of Automatic Control, Vol.3, No.5, September 2010.

[39] R. B. Messaoud, N. Zanzouri and M. Ksouri, *Local state observers for nonlinear systems*, IEEE 2011 International Conference on Communications, Computing and Control Applications, Mars 2011.

[40] R. B. Messaoud, N. Zanzouri and M. Ksouri, *Robust local state observers for nonlinear systems*, IEEE 2011 The International Conference on Systems, Signals and Devices.

[41] R. B. Messaoud, N. Zanzouri and M. Ksouri, *Monitoring dynamic systems extended with inequality constraints on line implementation by parity and UIO approaches*, 10^h International conference on Sciences and Techniques of Automatic control and computer engineering, STA'2009-SSI-599, pages 726-739.

[42] R. B. Messaoud, N. Zanzouri and M. Ksouri, *Local Feedback Unknown Input Observer For Nonlinear Systems*, International Journal of Innovative Computing, Information and Control, Issue 1, Vol.8, January 2011.

[43] N. Zanzouri, R. B. Messaoud and M. Ksouri, *On-Line Implementation of Inequality Constraints Monitoring in Dynamical Systems*, Journal of Control Science and Engineering, Vol.2011, Article ID 685261, 9 pages, 2011.

www.ingramcontent.com/pod-product-compliance
Lightning Source LLC
Chambersburg PA
CBHW020316220326
41598CB00017BA/1583